海洋试验场

王项南 等 编著

海洋出版社

2023年·北京

图书在版编目（CIP）数据

海洋试验场 / 王项南等编著 . —北京：海洋出版社，2023.11

ISBN 978-7-5210-1189-0

Ⅰ . ①海… Ⅱ . ①王… Ⅲ . ①海洋学—试验场 Ⅳ . ① P7-33

中国版本图书馆 CIP 数据核字（2023）第 218971 号

责任编辑：王　溪
责任印制：安　淼

海洋出版社　出版发行

http://www.oceanpress.com.cn

北京市海淀区大慧寺路 8 号　邮编：100081
鸿博昊天科技有限公司印刷　新华书店经销
2023 年 11 月第 1 版　2023 年 11 月第 1 次印刷
开本：787mm×1092mm　1/16　印张：6.5
字数：150 千字　定价：80.00 元
发行部：010-62100090　总编室：010-62100034
海洋版图书印、装错误可随时退换

推荐序

  海洋工程装备和海洋仪器设备制造领域高度依赖海洋试验，且海洋试验存在难度大、风险高、耗资巨大等特殊性，需要大量的海洋试验数据作为支撑。

  海洋试验场可在特定海域，为海洋传感器、仪器、装置、系统、数学模型等提供满足要求的海洋试验条件，科学、规范地获取试验数据或试验结果。海洋试验场的建设为研发者或研发机构提供功能完备、开放共享的试验测试条件，以此增强海洋技术原始创新能力、推动关键核心技术突破，不断提升技术装备成熟度，降低研发试验成本。因此，海洋试验场越来越受到国内外海洋学者的广泛关注。

  《海洋试验场》是国内第一本系统介绍海洋试验场的专业著作。这本书从试验场的内涵开始，娓娓道来，对海上试验程序、海上试验平台的类型和功能、观测系统、信息系统、运行保障体系构成和运行管理机制进行了全面、详细、系统地论述，最后对全球各领域典型海洋试验场进行了介绍。本书的作者是国家海洋技术中心长期从事海洋试验场技术研究、建设、运行和管理的专业团队，在实际工作中积累了丰富的经验和知识。相信本书一定能够为相关学者和管理者，以及海洋仪器装备研发和成果转化方面从业人员提供有益的参考。

  鉴于此，特向广大读者推荐本书！

中国工程院院士

2023 年 10 月

前　言

2009 年，国家海洋技术中心承担海洋公益性行业科研专项——"海上试验场建设技术研究和原型设计"项目，自此拉开了国家级海洋试验场建设的序幕。十多年来，在国家重点研发计划项目、海洋可再生能源专项资金项目、海洋经济创新发展区域示范项目和地方专项等多方面支持下，试验场的建设取得了突破性进展，2015 年，国家海洋综合试验场（威海）正式运行。在试验场设计和建设过程中，国家海洋技术中心科研团队在试验场基础理论、试验平台设计、环境背景场建设、试验标准研制和保障设施管理等方面积累了大量的经验，形成了丰富的成果。为了更好地总结过去一段时期的经验，我们组织编写了《海洋试验场》一书。

全书共包括基本概念、海上试验、试验平台、海洋环境观测系统、信息系统、保障设施、运行管理与服务和典型海洋试验场等 8 个章节。其中，第 1 章对试验场的基本概念进行了介绍；第 2 章从海上试验的分类、流程、标准等方面介绍了海上试验的主要内容；第 3 章介绍了目前主流的海上试验平台，包括桩基式、浮式、坐底式和移动式等 4 大类；第 4 章介绍了试验场海洋环境观测系统（背景场观测系统）的构成；第 5 章概述了信息系统的主要功能、系统架构和系统安全管理；第 6 章讲解了试验场保障设施的主要组成，包括岸基实验室、船舶、码头、通信设施和安全保障设施等；第 7 章对试验场的运行、管理和服务机制进行了介绍；第 8 章总结了目前国内外各领域主流试验场的建设情况。

本书由国家海洋技术中心副总工程师兼海洋试验场管理中心主任王项南正高级工程师担任主编，其中，第 1 章由王项南、夏海南编写，第 2 章由路宽编写，第 3 章由石建军编写，第 4 章由韩林生编写，第 5 章由王鑫编写，第 6 章由刘松堂、李明兵编写，第 7 章由王花梅、李健编写，第 8 章由王静、王萌编写。

由于海洋试验场涉及专业和学科广泛，编者专业技术水平与能力有限，其中疏漏之处在所难免，敬请批评指正。

作　者
2023 年 5 月

2

目　录

第1章 基本概念

1.1 背景

"试验场"一词在我国文献资料中最早出现在农业领域。1929 年，顾述之在无锡对小麦的良种培育工作中，首次使用"小麦试验场"一词（顾述之，1929）。新中国成立后，"试验场"一词广泛地出现在各行政区域的政报和公报中。例如，1950 年的第 3 期黑龙江政报在《关于试种冬麦的指示》中就有"在试验场推广冬麦试种"的表述。1951 年第 3 期《河南政报》刊发了《河南省五一年农业试验场工作计划》的文章。由此可见，"试验场"一词最早是出现在农业领域内，主要指为实现农作物的优良育种、粮食的增产增收等目标而开展农作物试验种植的场地。

进入 20 世纪 80 年代，在改革开放和社会主义现代化建设时期，党和国家领导人做出"发展海洋事业，振兴国家经济""进军海洋，造福人民"等重要指示，国家海洋局、教育部、中国科学院等部门又陆续建立了一大批海洋科学研究机构，这使得我国海洋事业进入快速发展时期（冯士筰等，1999），"试验场"一词也开始出现在海洋领域。2008 年，国家海洋局发布了《国家海洋事业发展规划纲要》，在此文件中明确提出要"建设国家科技实验室和海上试验场等研发平台"，这是"试验场"一词在海洋领域内的早期表述，同时也进一步将"试验场"一词扩展为"海上试验场"或"海洋试验场"。2009 年，国家海洋公益性行业科研专项支持了"海上试验场建设技术研究和原型设计"项目，这是我国首个支持海洋试验场建设技术研究与设计的项目。此后，很多学者对海洋试验场的建设与设计开展了大量的科学研究工作，并在相关学术期刊上发表了多篇学术论文（王项南等，2010；罗续业等，2010），自此"海洋试验场"或"海上试验场"开始出现在我国的文献资料中。

在国外文献资料中，英文 "test site" 最早出现在畜牧业，Dewey 于 1928 年在 *Experimental Biology and Medicine* 期刊上，发表了 "Genetic Relations of Chocolate Brown Plumage Color in the Domestic Pigeon" 文章（Dewey，1928），该文中对"家鸽棕褐色羽毛颜色的亲缘关系"相关问题进行研究时，使用了 "test site"，用于表示对家鸽注射药物的试验部位。20 世纪 60 年代，"test site" 开始出现在国外文献资料的农业领域内，1966 年，在美国北达科他州的一个农场内，Marvin E. Bauer 对春小麦、燕麦、黑麦等农作物的光谱数据收集的试验中，发表了"North Dakota Intensive Test Site 1966（771217）"文章（Marvin，2015），该文的题目就使用了"test site"，用于表示开展农作物试验的场地。2004年，Snaith等人对海洋污染监测的研究中，发表了"Clean seas：a North Sea Test Site"文章（Snaith et al.，2004），该文也使用了"test site"，用于表征在海上开展试验的场地。

欧洲海洋能中心（European Marine Energy Centre，EMEC）位于苏格兰奥克尼群岛，2003年初步建成，是国际成立较早的、知名的海洋能发电装置测试及认证机构。欧洲海洋能中心可以支持全比例尺或小比例尺的波浪能和潮流能发电装置进行测试，可为海洋能发电装置提供一系列的测试与认证服务。海洋能发电装置在EMEC试验场开展并网测试和海上试验的过程中，都是依据该中心2009年发布的相关测试规程。截至2022年8月，欧洲海洋能中心已发布12项测试规程，其中，2009年发布的"Assessment of Performance of Wave Energy Conversion Systems"和"Assessment of Performance of Tidal Energy Conversion Systems"是分别对波浪能发电装置和潮流能发电装置开展功率特性现场测试的规程。在这两项现场测试规程中，对海洋能发电装置开展现场测试的海域的英文表述即为"test site"。

随着海洋可再生能源领域的快速发展，对海洋能发电装置现场测试需求不断增加，建立该领域国际通用的标准成为普遍的、迫切的需求。在此背景下，国际电工委员会（International Electrotechnical Commission，IEC）于2007年成立了海洋能技术分会，该组织主要负责国际海洋能源标准规范的建立，促进世界各国进行海洋能源领域的贸易和技术交流，并且提供基本准则和统一要求。在波浪能发电装置功率特性测试方面，海洋能技术分会于2012年出版了潮流能发电装置功率特性评价技术规范（Marine energy – Wave, tidal and other water current converters – Part 100：Electricity producing wave energy converters – Power performance assessment）；在潮流能发电装置功率特性测试方面，海洋能技术分会于2013年出版了潮流能发电装置功率特性评价技术规范（Marine energy – Wave, tidal and other water current converters – Part 200：Electricity producing tidal energy converters – Power performance assessment）。这两个规范对波浪能发电装置功率特性和潮流能发电装置功率特性测试的整个过程都提出了详细的要求，主要涉及测试海域地形和流场等情况的调查、波浪能发电装置和潮流能发电装置的描述、测试设备和数据采集系统的要求、测量步骤、测试结果的计算与分析等方面。在2012年和2013年出版的这两个技术规范中，对波浪能发电装置和潮流能发电装置开展现场测试的海域的英文表述均为"test site"。

由此可见，试验场是随着某领域科学技术发展到一定阶段，因其对试验需求的不断增加而出现的。海洋领域因其高度依赖海洋试验，且海洋试验存在难度大、风险高、耗资巨大等特殊性，因此，海洋试验场的建设运行、其功能的逐步完善、规范化和标准化管理水平的不断提升，必将在海洋科学研究与技术创新、海洋科技成果转化和产业化发展等方面发挥不可替代的重要作用。

1.2　定义

试验（test）：为了查看某事的结果或某物的性能而从事某种活动（出自《现代汉语词典》第 7 版），即为了解某物的性能或某事的结果而进行的尝试性活动。通常是指验证行为。如试验验证研发的海洋仪器装备和新方法等。

实验（experiment）：为了检验某种科学理论或假设而进行某种操作或从事某种活动。通常是指发现规律的行为。如海洋调查等。

从"试验"和"实验"的定义以及试验场出现的背景可以看出，在试验场所从事的活动多数属于"试验"范畴。

海洋试验场：以满足海洋传感器、仪器、装置、系统和数学模型等开展海洋试验需求为目的所选取的，满足海洋试验对海洋环境需求的特定海域。具备试验平台、海洋环境观测（监测）系统、信息系统和保障设施等开展试验所需的基础条件；针对海洋传感器、仪器、装置、系统和数学模型等的功能验证，以及可靠性、环境适应性和维修性等性能进行海上试验、测试和评价，制定海洋试验所依据的方法和标准；建立内部运行管理体系和外部服务共享机制；具备面向社会服务的相关资质。因此，海洋试验场是满足试验海域条件，具备相应海上试验、测试、评价功能的支撑与服务平台。

海洋技术研发离不开海洋试验，无论是样机研制阶段、功能验证阶段还是产业化阶段，均需要大量的海洋试验数据作为支撑。因此，研发者或研发机构在其研发过程中的不同阶段，需要设计并开展多种类型的海洋试验。而对于海洋仪器设备及软件产品的使用者，也经常采取海洋试验的方式来验证其所选择产品的某些性能。

综上所述，无论是研发方还是使用方均需开展试验方案设计、试验海域选取、试验环境搭建等工作内容，而开展这些试验相关工作的投入有时会超过研发过程的投入；此外，各种独立的、分散式的海洋试验环境建设势必造成低水平重复、低效率以及资源浪费。因此，围绕多领域对海洋试验的需求，开展顶层设计，进行总体科学布局，制定长远规划，建立专业化水平高、功能相对齐全、具有公共服务功能的海洋试验场，是解决海洋试验"难"、海洋试验"贵"的有效途径。同时，很好地实现了节约集约利用海域资源；面向社会的共享机制使资源使用最大化；海洋试验场业务化的运行管理保证了专业化水平的不断提升以及功能逐步完善。

1.3　功能

依据海洋试验场的定义进一步分析可得：围绕海洋试验场的建设目标，在所确定的试验海域，为海洋传感器、仪器、装置、系统和数学模型等提供满足要求的海洋试验条件，科学、规范地获取试验数据或试验结果，是海洋试验场的主要功能。

1.4 分类

海洋试验场依据其功能、海洋环境特点和运行管理模式等可分为不同的种类。

按功能可分为海洋专业试验场和海洋综合试验场。海洋专业试验场专业方向明确，试验海域的选择、试验功能及试验设施的设计专业特点突出。如在英国建成的欧洲海洋能中心，主要提供海洋能发电装置测试服务，以及海洋卫星定标试验场等。海洋综合试验场则面向多专业方向的需求，兼顾多种功能，进行试验海域的选择、试验功能及试验设施的设计。如我国国家海洋综合试验场（威海），主要面向海洋观监测仪器和海洋能发电装置的试验测试。

按海洋环境不同可分为浅海海洋试验场、深海海洋试验场和极区海洋试验场等。

按运行管理模式可分为只服务于某个事项（任务、项目）或为某个特定机构的专用试验场和具备不同程度对外服务功能的公共试验场。

1.5 选址

海域的选取对海洋试验场功能的实现以及建设和运行十分关键。建设单位应在充分考虑海洋试验场功能的基础上，具体确定选址条件，选址条件应包括海洋环境条件和其他条件。

海洋环境条件一般包括：
①海域特征，如海面开阔，场址内无（或极少有）岛礁与大型海上构筑物；
②水深、地形及周边环境等；
③风、浪、流等海洋水文气象要素；
④海洋生物、海洋化学要素；
⑤底质、地质结构等。

其他条件是指除海洋环境条件以外，影响海洋试验场建设及运行的其他要素。如符合地方功能区划，交通便利，自然灾害不频繁，当地政府重视海洋科技及海洋产业发展，民众普遍具有海洋环境保护意识，所在地区具有较好的海洋科研及产业环境等。

1.6 设计

对于一个区域（国家或地区）来说，一方面，海洋试验的需求会来自多个领域，而这些领域对海洋试验场建设的需求不尽相同，这就导致了海洋试验场选址条件的不同。因此，很难找到一个能同时满足所有选址条件的海域，而转为通过建设只包含一个海域的海洋试验场，来完全满足该区域对海洋试验的全部需求。另一方面，若只为满足单一需求，采取"各自为战"的海洋试验场建设方式,必将导致无序、浪费、低水平等不良后果。

由此可见,满足区域海洋试验需求的、功能完备的海洋试验场通常由多个、具备不同功能的海洋试验场区组成。因此,海洋试验场建设应围绕区域对海洋试验的需求和未来发展,依托其海洋环境和海域资源条件,结合区域海洋科技和海洋经济特色,充分利用已有的海洋试验基础,制定海洋试验场的总体布局和发展规划,设计海洋试验场的体系构成及各组成部分的功能定位,有计划、分阶段开展海洋试验场的建设和运行。

海洋试验场设计、建设和运行应主要考虑以下几个因素:

①把握需求,做好顶层设计。全面、综合考虑国家海洋科技创新和海洋经济发展对海洋试验场的建设需求,明确建设目标,开展顶层设计,制定发展规划;

②合理布局,集约节约用海。围绕海洋试验场建设目标,充分利用区域海洋环境和海域资源条件,依据区域海洋功能区划,合理设定海洋试验场功能区构成,最大限度提高海域使用效率,确定选址条件;

③建立方法,规范试验过程。开展海洋现场试验、测试、评价等基础理论和方法研究,形成基于海洋试验场试验环境的、规范化的海洋现场试验、测试、评价等标准,逐步建立相关标准体系;

④发挥优势,健全海试功能。充分利用海洋试验场试验海域固定的特点和优势,进行海上试验设施的设计,与以船舶为试验平台的移动式海洋试验方式形成功能和优势互补,建立和完善海洋试验体系;

⑤便于试验,服务地区发展。海洋试验场的布局及试验场区设置,除了考虑功能覆盖和功能互补外,还应考虑周边地区海洋科技创新和海洋经济发展的特点以及相应的海洋试验需求,进行便利化设计;

⑥面向世界,实现国际互认。在海洋试验场开展区域内规范化建设、运行的同时,加强与国际同行机构的交流与合作,积极加入相关领域的国际组织,参与国际相关标准的制定,实现国际互认。

1.7 构成

海洋试验场主要由试验平台、海洋环境观测系统、信息系统、保障设施、标准体系、运行管理与维护等部分组成。

试验平台主要包括:浮式试验平台、桩基式试验平台、坐底式试验平台、船舶试验平台和自航行试验平台等。是搭载试验测试设备、装置,开展海上试验、测试的核心设施。

海洋环境观测系统主要包括:浮标、潜标、海床基、岸基观测站、走航测量系统和遥感遥测系统等。为海上试验和测试提供海洋环境信息。

　　信息系统主要包括：数据采集、数据传输、数据存储、数据处理和试验结果分析评价等。系统主要由数据集成子系统、数据管理子系统、数值模拟子系统、数据库子系统以及分析评价子系统组成。

　　保障设施主要包括：运行管理场所、安装调试环境、安全保障系统、电力保障系统、试验船舶、专用码头、吊装设备和运输车辆等。为海上试验提供基本作业条件。

　　标准体系主要包括：技术基础标准和技术专业标准。为海洋试验场开展规范化、标准化的试验、测试、评价提供依据。

　　运行管理与维护主要包括：组织机构、管理制度、试验流程、质量控制、管理与服务系统、相关认证认可资质等。确保海洋试验场有效运行、控制风险、提高服务水平。

参考资料：

冯士筰，李凤岐，李少菁，1999. 海洋科学导论［M］. 北京：高等教育出版社：11.

顾述之，1929. 私立无锡小麦试验场推广良种报告［J］. 教育与职业，9：1405–1408.

罗续业，王项南，吴迪，等，2010. 国家海上试验场建设构想［J］. 海洋开发与管理，11（11）：1–3.

罗续业，王项南，周毅，等，2010. 我国海上试验场建设总体设想［J］. 海洋技术，12（4）：1–3.

王项南，吴迪，周毅，等，2010. 国内外海上试验场建设现状与比较分析［J］. 海洋技术，6（2）：14–19.

DEWEY G S，1928. Genetic Relations of Chocolate Brown Plumage Color in the Domestic Pigeon［J］. Experimental Biology and Medicine，25（9）：777–778.

MARVIN E B，2015. North Dakota Intensive Test Site 1966（771217）. Purdue University Research Repository.

SNAITH H M，GADE M，JOLLY W G，et al.，2004. Clean seas：a North Sea test site［J］. International Journal of Remote Sensing，25（7–8）：1341–1347.

第 2 章　海上试验

海洋仪器设备试验技术是伴随着海洋仪器设备的出现而出现，并伴随着海洋仪器设备的发展而发展；现代海洋仪器设备的快速发展又对海洋仪器设备试验技术提出了新的、更高的要求。因此，必须及时跟踪海洋仪器设备的最新进展和未来发展趋势，不断推进海洋仪器设备试验技术的提升。

2.1　试验分类

海洋仪器设备试验的分类方法有多种，可以按试验环境不同来划分，也可以按试验主体、参试仪器设备所处的研发阶段等不同来划分。

2.1.1　按试验环境不同分类

根据试验环境的不同，试验可分为室内调试试验、室内环境适应性试验、水池试验、湖泊试验和海上试验等。

室内调试试验包括：海洋仪器设备在室内的单元调试试验和室内集成调试试验。室内单元调试试验是针对海洋仪器设备某个单元或部件开展的试验；室内集成调试试验是在海洋仪器设备单元调试试验的基础上，将所有单元或部件按照设计要求组装成为系统后开展的试验。

室内环境适应性试验是在实验室环境下，对海洋仪器设备开展的高低温试验、交变湿热试验、盐雾试验、冲击试验、耐压试验和振动试验等，是为验证海洋仪器设备对各种环境条件的适应性而开展的试验。

水池试验是在实验水池或实验水槽环境下，为验证海洋仪器设备或模型在可控的动力、生物、化学等环境条件下的性能而开展的试验。

湖泊试验是在湖泊或类似环境下，为验证海洋仪器设备性能而开展的试验。相比海上试验，湖试的环境相对温和，适合开展原理样机和定型样机等的试验。

海上试验是指在实际海洋环境下，为验证海洋仪器设备性能而开展的试验。

2.1.2　按试验主体不同分类

根据试验实施主体不同，试验可分为研发方试验、用户方试验、第三方试验和其他试验。

　　研发方试验通常指海洋仪器设备研发方自行组织开展的试验，其目的是验证其研制的海洋仪器设备性能是否满足研制目标的要求，该试验的开展可为后续仪器设备的改进提供重要的科学依据。

　　用户方试验是指海洋仪器设备的使用方或采购方组织开展的试验，其目的是测试计划选用或将要交付的海洋仪器设备的性能是否满足相关标准、技术协议、合同等的要求，试验有时也会邀请相关专家或第三方共同参与到试验的过程中，鉴证整个试验的过程和结果，该试验的开展对海洋仪器设备未来的使用效果具有重要保障作用。

　　第三方试验是指由研发方、用户方委托第三方独立检验机构，由第三方独立检验机构组织开展的试验，其目的是测试海洋仪器设备的性能是否达到标准、规范或相关技术指标的要求，该试验应有相关标准、方法可以遵循，试验结束后第三方根据试验结果出具测试或检验报告。

　　其他试验是指除以上 3 种情况外，有其他某些特殊目的的试验。如具有比赛或行业宣传性质的试验等。

2.1.3　按参试仪器设备研发阶段不同分类

　　根据参试仪器设备研发阶段的不同，试验可分为关键部件试验、原理样机试验、工程样机试验、定型样机试验和产品试验等（齐久成，2015）。

　　关键部件试验是对海洋仪器设备的关键零部件进行的试验，以验证其性能是否满足研制要求规定的性能指标而开展的试验。如针对波浪测量设备中波浪传感器在实验室旋转风车式波浪模拟装置的试验，又如针对海洋仪器设备的供电模块、通信模块开展的试验都属于关键部件试验。

　　原理样机试验是对采用新原理、新方法研制的海洋仪器设备进行的试验，以验证其原理的可行性与正确性而开展的试验。如针对新型海洋浮标模型、新原理海洋能发电装置模型的水池（水槽）造波模拟试验都属于原理样机试验。

　　工程样机试验是对处于设计和制造阶段的海洋仪器设备进行的试验，以验证其主要性能指标是否达到设计和实用要求而开展的试验。工程样机是指在原理样机基础上发展而成的，其实验室研究已经完成，原理的可行性和正确性已得到证实。如针对 AUV 和智能无人船等工程样机的湖上操纵性试验就属于工程样机试验。

　　定型样机试验是对已经固化技术状态的海洋仪器设备进行的试验，以验证其全套定型技术文件（包括图纸）是否可投入批量生产而开展的试验。定型样机指通过对工程样机进行定型设计，提升并固化其技术状态，将工程样机转化为可规模化生产的海洋仪器设备。如针对 Argo 浮标工程样机已经过多次试验，为固化其技术状态，在规模化生产前开展的试验就属于定型样机试验。

产品试验是对成批生产的海洋仪器设备产品进行的试验，以考核其是否满足该产品生产、检验、测试等相关标准以及合同要求所开展的试验。如针对某型号海洋自动监测站产品所开展的试验就属于产品试验。

2.2　试验场海试

在海洋试验场可以开展多种类型的试验。首先，在海洋试验场开展的试验属于海上试验，是针对已具备在实海况条件下生存和运行的海洋仪器设备部件、样机和产品而开展的试验；其次，在海洋试验场开展的试验包含了海洋仪器设备研发所处的不同阶段，包括：部件试验、原理样机试验、工程样机试验、定型样机试验和产品试验等，几乎涵盖了研发的全过程。因此，海洋试验场作为重要的海洋试验场所，对于加快推进海洋仪器设备的研发进程至关重要。

根据试验的定义，在海洋试验场开展的试验主要可分为两类：以了解或验证海洋仪器设备性能为目的的试验和获取海洋仪器设备输出结果为目的的试验。以了解或验证海洋仪器设备性能为目的的试验通常包括：生存性能验证试验和工作性能验证试验等；以获取海洋仪器设备输出结果为目的的试验通常包括：海洋测量仪器设备的动态比对试验、稳定性试验、可靠性试验和维修性试验等。

2.2.1　性能试验

性能试验是指以了解或验证海洋仪器设备性能为目的而开展的试验场海上试验。通常包括生存性能试验和工作性能试验。

生存性能试验主要是为了确定海洋仪器设备在极端海洋条件下的载荷、运动响应特性及工作状态等，以判断海洋仪器设备本身的结构、锚泊以及相关系统是否会出现系统性破坏的海上试验。有些生存性能试验也可以在实验室内模拟环境中开展，对于实验室内无法开展的生存性能试验，可在真实的自然环境中进行验证，此类试验大多在深远海、极地等具备极端环境试验条件的海洋试验场中开展。

工作性能试验主要是为了验证海洋仪器设备是否能够满足正常的工作能力要求而开展的一系列相关海上试验。如海洋仪器设备的布放与回收试验、通信性能试验和操作性试验等。

2.2.2　结果试验

结果试验是指以获取海洋仪器设备试验数据、结果为目的而开展的海上试验。通常包括动态比对试验、稳定性试验、可靠性试验、维修性试验、测试性试验与环境适应性试验等。

（1）动态比对试验

动态特性是指参试海洋仪器设备在测量海洋要素时，对测量变化的反应能力。因此，在实际测量的过程中，参试海洋仪器设备的测量结果与标准仪器（标准量值）之间会存在差异；不同动态特性的参试海洋仪器设备之间，同一时刻的测量结果也会存在差异，为了使海洋仪器设备的测量结果具有可比较性，就要对不同参试海洋仪器设备测量结果的相关性进行分析。海洋仪器设备在海洋试验场进行的动态试验通常采用与标准仪器（标准量值）或海洋仪器设备之间进行比对试验的方法。在海洋试验场选择满足比对试验的试验站位，将参试海洋仪器设备与标准仪器（标准量值）在海洋中进行同步测量，也可将 2 个或以上同类参试海洋仪器设备在海洋中进行同步测量，用于判断参试海洋仪器设备的动态测量误差，以及同类参试海洋仪器设备测量结果的相关性。动态比对试验是海洋仪器设备在海洋试验场开展的、最普遍的海上试验项目。

（2）稳定性试验

海洋仪器设备稳定性试验主要包括：长期稳定性试验和环境应力稳定性试验两个方面。

长期稳定性是时间效应，考核传感器的基点随时间的慢变化。在其技术指标上对长期稳定性的定量表述是检定或校准周期，即两次计量检定或校准所需的时间间隔。

环境应力稳定性是指在各种应力作用下传感器的基点变化，考核传感器在短时间的极限应力作用下的基点漂移。环境应力是指温度、湿度、盐度、气压、机械冲击等环境作用。该项指标也可在环境适应性试验中考核。

海洋仪器设备的稳定性试验是一个重要试验项目，对于参试海洋仪器设备来说，即使测量准确性高，但是易受外界环境的影响，从而可能产生较大的漂移量，那么该海洋仪器设备仍然没有实际使用价值。

（3）可靠性试验

可靠性对于任何海洋仪器设备来说都是重要的性能，尤其是海洋环境保障中应用，关键时刻的故障可能会贻误保障时机，错误的数据更可能会造成严重的事故。因此，海洋仪器设备要把可靠性试验作为重要的试验项目。可靠性是指参试海洋仪器设备在规定的条件下、规定的时间内完成规定功能的能力（刘勇等，2018）。试验的目的是通过试验，判断海洋仪器设备是否满足指标要求，并估计出产品的平均故障时间间隔等参数（谢干跃等，2012）。可靠性试验是建立在统计学基础上的，任何判定和提供的数据都是对于特定的概率和风险而言，即不是百分之百准确，结论存在一定风险。对于有一定寿命并且寿命呈指数分布的海洋仪器设备，一般考察其平均故障间隔时间（MTBF）是否满足规定的指标要求（姜同敏等，2012）；对于一次性使用的海洋仪器设备，要考察其合格率是否满足指标要求。

（4）维修性试验

维修性是指海洋仪器设备在规定的条件下和规定的时间内，按规定的程序和方法进行维修时，保持或恢复到规定状态的能力。维修工作与故障的检测、海洋仪器设备的测试紧密相关，所以应及时并准确地确定海洋仪器设备的状态，并隔离其内部故障。维修性用平均修复时间（MTTR）表示，海洋仪器设备的快速修复对海洋实时观测预报等至关重要。由于考核维修性必须对故障进行修复，以统计时间，因此维修性试验通常与可靠性试验同时进行。

（5）测试性试验

测试性是指能及时、准确地确定海洋仪器设备状态（可工作、不可工作或性能下降）并隔离其内部故障的一种设计特性。测试性试验的目标是确保海洋仪器设备达到规定的测试性要求。以提高仪器设备的完好性、减少对维修人力和其他资源的要求，降低寿命周期费用、并为管理提供必要的信息。测试性试验要对海洋仪器设备的故障检测率、故障隔离率、故障检测时间、故障隔离时间和虚警率等进行测试。

（6）环境适应性试验

环境适应性试验是为了保证海洋仪器设备在规定的寿命期间，在预期的使用、运输或储存的所有环境下，保持功能可靠性而进行的活动。是将被测海洋仪器设备暴露在自然的或人工的环境条件下经受其作用，以评价海洋仪器设备在实际使用、运输和储存的环境条件下的性能是否符合有关标准，并分析研究环境因素的影响程度及其作用机理。

环境适应性应参考海洋仪器设备或部件所要满足的相关标准，其中规定了相应的试验鉴定技术、检测及合格要求等。通过环境适应性试验，可以提供设计质量和产品质量方面的信息，是质量保证的重要手段。

对海洋仪器设备的评价不能只看其功能和性能是否优良，还要综合其各方面条件，例如，在严酷环境中，其功能和性能的可靠程度等。

环境适应性试验是可靠性试验的必要补充，也是提高产品可靠性的重要手段。模拟环境试验是最常用、工作效率最高的环境适应性试验技术。由于技术能力或出于安全等方面的原因无法在实验室内进行的环境适应性试验，采用真实的自然环境试验。自然环境下的环境试验是将海洋仪器设备，特别是材料和构件直接暴露于某一自然环境中，以确定该自然环境对它的影响，可结合动态比对试验进行。

2.3　试验流程

海洋试验场的试验流程与其他试验的流程类似，但也有自身的特点。流程一般包括：海洋试验场运行方与海洋仪器设备参试方沟通对接，明确试验目的和需求，选择海上试验平台，确定具体试验站位和时间，制定海上试验大纲或海上试验实施方案，试验准备，开展海上试验，编制试验报告。

2.3.1 对接

海洋试验场运行方与海洋仪器设备参试方的对接是海上试验的第一步，参试方应明确试验需求，制订初步试验计划，与试验场运行方就试验的可行性及可操作性进行沟通。试验场运行方应充分掌握参试方试验目的与需求，结合试验场的试验能力，与参试方进行充分沟通。根据对接结果，双方形成试验初步意向。

2.3.2 确定试验环境

海上试验平台种类较多，如桩基式试验平台、锚泊式试验平台、坐底式试验平台、水面移动试验平台及水下移动试验平台等。根据参试海洋仪器设备工作方式以及对海洋试验环境的需求，确定适合的海上试验平台是开展后续试验工作的基础。

参试方应充分了解试验场的试验海域、试验平台、试验设施和试验设备等现场试验环境情况，以便于后续试验的开展。双方沟通、研究，共同确定试验所需的环境条件，包括：试验场区、试验平台、试验设施、试验人员和试验时间等。

2.3.3 制定海上试验大纲

海上试验大纲或海上试验实施方案是开展试验的重要依据。海上试验大纲和海上试验实施方案的编制应参照标准、规范等相关技术文件，同时，要充分考虑安全问题，以确保试验的顺利开展。海上试验大纲或海上试验实施方案可视具体情况，由一方或双方共同编制完成，如必要组织同行专家论证、对海上试验大纲或海上试验实施方案进行评审。海上试验大纲或海上试验实施方案应主要包括以下内容（吴德星等，2011）：

①试验目的；
②参试海洋仪器设备信息；
③试验海区水文、气象、地质等环境条件要求；
④试验平台要求（场地条件、辅助作业设施等）；
⑤试验方法、步骤；
⑥试验时间、地点、参加人员和分工；
⑦试验数据处理方法；
⑧试验结果评定准则；
⑨试验安全措施和应急预案。

2.3.4 试验准备

海上试验准备工作对试验是否能够实现既定目标至关重要。有经验的组织者通常会在这个阶段反复确认试验的各个环节，为海上试验的顺利完成奠定基础。海试准备工作主要包括以下内容：

①参与试验的全部测量仪器设备依据相关标准和使用技术要求，通过计量检定部门实验室检定或校准，不具备条件的采取自校准，确保数据的准确性和可靠性；

②根据海上试验大纲或海上试验实施方案要求，试验场运行方完成试验环境的搭建，如平台安装架、仪器布放与吊装设备等，确保海上试验的顺利开展；

③参试海洋仪器设备和辅助设施运输到试验地点；

④进行组装、调试、拷机及必要的近岸码头试验，确保所有参加试验的海洋仪器设备处于正常状态；

⑤对海试人员要进行培训，设置安全员，特殊设施操作人员应持证上岗；

⑥了解试验期间相关区域的天气状况；

⑦召开海试前准备会，明确人员分工与责任。

2.3.5　海上试验

海上试验应严格遵照海上试验大纲或海上试验实施方案，在首席科学家的指挥下，按照分工有序进行，直至试验内容全部结束。如遇到恶劣天气、设备设施故障等特殊情况，按照应急预案处置或由首席科学家组织相关人员研究处置。如遇到难以现场排除的故障或重大安全隐患，可终止试验，待故障和安全隐患排除后，按照试验流程，再重新组织安排试验。

2.3.6　编制试验报告

海上试验报告是海试任务成果的重要体现，与海上试验大纲或海上试验实施方案相呼应，两者应形成闭环。与海试大纲或海上试验实施方案类似，海上试验报告也应按照一定的格式编写，必要时应进行专家评审。

海上试验结束后，参试项目依据相关管理办法，在规定的期限内，撰写海上试验报告。海上试验报告的编制主体由试验类型决定，如研发方试验，试验报告应由研发方自行编制，第三方试验，则试验报告由第三方编制。

海上试验报告一般包括如下内容：

①试验概述，包括试验目的、时间、地点，试验平台状况（场地尺寸、动力条件和辅助作业设施等）；

②参试仪器或样机名称、型号、规格、状态和数量；

③比测仪器设备及其他试验设备名称、型号、规格、状态和数量；

④试验海区相应的水文、气象和地质等环境条件要求；

⑤试验方法、步骤、持续时间和获取资料要求等；

⑥试验数据（包括比测数据）处理方法；

⑦试验结果评定准则和结论；

⑧参加单位，人员分工，岗位职责等。

对于第三方出具的试验报告，除包含以上内容外，还应包括：检验项目及结果。包括仪器设备成套性和外观检查，计量性能指标试验，气候适应性试验、机械环境适应性试验、安全环境适应性试验、电磁兼容适应性试验等适应性试验检测情况，自检和自校功能、采集和数据处理功能、通信和控制等功能、显示和存储功能、电源系统性能等功能性检测情况，试验大纲中规定的性能检验情况等。对于试验大纲中规定应出具是否合格结论的情况下，第三方出具的试验报告还应包括实测数据和是否合格的结论。

海上试验报告完成后，根据需要组织召开由领域专家、技术专家、试验平台方专家和第三方检测专家等共同参加的海试验收评审会，按专家意见和建议，对海试材料进行修改和完善。

2.4 标准体系

标准是海洋试验场试验测试工作开展的根本依据。海洋试验场试验测试标准体系框架如图 2.1 所示。制定试验测试和运行管理的系列标准、规范和规程，支撑海洋试验场标准化、规范化运行，保证海洋试验场业务工作的权威性。国家海洋综合试验场标准体系设计采用了分层结构，第一层是技术基础标准和技术专业标准，第二层是技术领域分支。

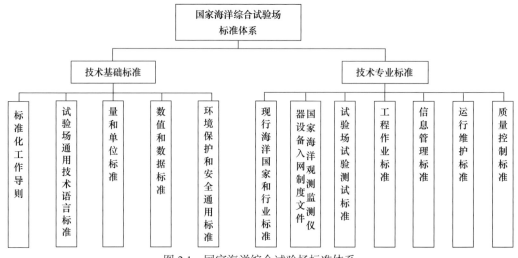

图 2.1　国家海洋综合试验场标准体系

2.4.1 技术基础标准

技术基础标准在一定范围内是其他标准的基础，并在试验场工作范围内普遍使用，具有广泛的指导意义。共包括 5 个分支：①标准化工作导则；②试验场通用技术语言标准，包括术语、代码、符号、标志等；③量和单位标准；④数值和数据标准；⑤环境保护和安全通用标准。

2.4.2　技术专业标准

技术专业标准是指导试验场具体业务工作开展、保障试验场正常安全运行的基础。共包括 7 个分支：

①现行海洋国家和行业标准；

②国家海洋观测监测仪器设备入网制度文件；

③试验场试验测试标准，面向海洋仪器设备的室内和海上试验、测试、评估等业务，在稳定性、可靠性、环境适应性、维修性、安全性和测试性等方面建立试验、测试、评估等标准和其他标准；

④工程作业标准，用于规范试验场建设期间的施工组织和作业，主要包括海上作业、海陆工程等标准和其他标准；

⑤信息管理标准，主要包括信息设备、通信和信息技术、信息安全等标准和其他标准；

⑥运行维护标准，用于对试验场内部资源进行管理、调整、分配，明确和界定试验场各项工作的组织、控制形式，主要包括运行、维护、检修等标准和其他标准；

⑦质量控制标准，通过采用技术措施和管理措施，达到监视质量并消除质量环上所有风险因素引起的不合格或不满意的效果，确保试验场的建设能达到预期目标，并且在将来长期的运行过程中达到相应的技术要求，主要包括质量手册、程序文件和作业文件等标准。

参考文献

姜同敏，王晓红，袁宏杰，等，2012. 可靠性试验技术［M］. 北京：北京航空航天大学出版社.

刘勇，冯付勇，刘树林，2018. 可靠性评估：概念和模型及案例研究［M］. 北京：国防工业出版社.

齐久成，2015. 海洋水文装备试验［M］. 北京：国防工业出版社.

吴德星，陈学恩，2011. 规范化海上试验管理规程［M］. 青岛：中国海洋大学出版社.

谢干跃，宁书存，李仲杰，2012. 可靠性维修保障性测试性安全性概率［M］. 北京：国防工业出版社.

全国电子电工产品可靠性与维修性标准化技术委员会，维修性 第 2 部分：设计和开发阶段维修性要求和研究：GB/T 9414.2—2012［S］. 北京：中国标准出版社，2013：5.

全国电子电工产品可靠性与维修性标准化技术委员会，维修性 第 1 部分：应用指南：GB/T 9414.1—2012［S］. 北京：中国标准出版社，2013：4.

中国人民解放军总装备部电子信息基础部，装备测试性工作通用要求：GJB 2547A—2012［S］. 北京：总装备部军标出版发行部，2012：10.

中国人民解放军总装备部电子信息基础部，可靠性维修性保障性术语：GJB 451A—2005［S］. 北京：总装备部军标出版发行部，2005：9.

第3章 试验平台

试验平台是海洋试验场为海洋仪器装备开展海上试验所提供的基础设施。面向仪器装备的海上试验需求,并本着安全、便捷和规范的原则,开展试验平台的设计和建造。试验平台可为海洋仪器装备试验提供安装机位、布放回收、现场实验室、电力供应、信息通信和安全防护等保障条件,支撑参试仪器装备海上试验的全过程。

试验平台的设计与建造,需充分考虑海洋仪器装备的使用场景,如台站、浮标、潜标、海床基、自主航行器和船舶等。试验平台须为参试设备提供相同或类似的试验场景,以保障海洋仪器装备通过测试后可以无差别地应用于现场。因此,根据试验平台结构形式和工作方式,一般可以分为桩基式试验平台、浮式试验平台、坐底式试验平台和移动试验平台,下文将针对这4种类型的试验平台展开介绍。

3.1 桩基式试验平台

20世纪40年代末开始出现桩基式试验平台,此类平台本身具有较好的抗风暴和波浪袭击的功能,具有较高的稳定性和安全性,但其建造受到水深影响较大,且造价会因水深变大而费用大幅增加,目前被广泛应用于建造海上码头、灯塔、雷达海上固定试验台、水文气象观测站和潮流能发电站等。桩基式试验平台按照桩基形式分为导管架式和重力式,前者适合岩石类底质,而后者适合于泥沙底质且较平坦的地形(中国船级社,1993)。

3.1.1 构成

桩基式试验平台的功能主要满足海洋仪器装备的海上试验需求,同时,兼顾试验海域海洋环境观监测功能,须符合海上固定平台相关建造和安全规范的要求。桩基式试验平台组成一般包括:平台主体、供配电系统、试验设施、环境监测装备和安全保障设施等,具体功能在以下进行介绍。

(1)平台主体

平台主体一般由平台支撑桩柱、试验甲板和升降系统等构成。

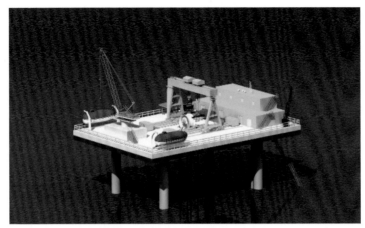

图 3.1　桩基式试验平台示意图

1）平台支撑桩柱

平台支撑桩柱一般采用钢质结构，桩柱垂直固定在海底，分为单桩或多桩，合理设计整体形式以减小对海洋水文环境的影响，根据平台设计载荷和所处海域地形地质情况，确定桩柱的直径、长度等参数，同时在桩柱内部设计电缆导管，用于平台供电、通信以及试验设备的电缆铺设。

2）试验甲板

作为试验平台主要试验的环境，一般设有多层甲板。以 3 层甲板为例分为底层、中层和顶层。底层主要用于放置供配电系统、起吊设备、试验月池和调试实验室等；中层主要用于布置实验室、控制室、值班室和休息室等；顶层主要用于布置起吊设备、航标灯塔、风光互补供电系统、试验机位和实验室等。

3）升降试验平台

根据支撑桩柱和试验甲板的具体结构，设计合适的升降试验平台，并依据试验需求设计其搭载能力、机械安装接口和辅助装置等，用于实现针对较大型试验设备的长期、定深、剖面的试验功能。

（2）供配电系统

平台供配电系统主要用于保障平台上试验设施、观监测设备装备、照明空调、安全监控等的供电，主要包括：供电通信电缆、风光互补发电系统、柴油发电机和配电系统等。

1）供电通信电缆

供电通信电缆用于从岸站到桩基式试验平台供电和通信，一般采用铠装光电复合电缆，其具体电力与通信参数，需综合考虑平台自身运行和试验的需求，以及后期试验功能扩展需求。一般包括：主电缆、电缆导管转接固定装置和光电分离装置。

2）风光互补发电系统

风光互补发电系统利用风、光资源实现发电，可有效减少传统发电机对石化能源的消耗以及碳排放，同时，也减轻了油料运输和存储的压力。根据试验设备供电需求、风和光资源条件以及平台上空间使用情况，确定光伏能和风能的额定功率（陈惠俊，2016）。此外，还可依据所在海域海洋可再生能源的资源情况，设计、配备潮流能、波浪能发电装置。

3）柴油发电机系统

柴油发电机系统主要在电缆故障或停电时为了满足平台应急用电和大功率用电的需求，根据平台供电需求确定柴油发电机额定功率。

4）配电系统

配电系统可实现对电缆供电、风光互补供电和柴油发电机供电的智能优化管理，在确保电缆常态化供电的同时，保证风光互补供电和柴油发电机供电作为应急供电能够覆盖到各个用电部位。

（3）试验设施

在平台上试验设施为海洋仪器设备试验提供基本的条件保障，主要包括：吊机、绞车、试验机位、实验室、温盐井、验潮井、水样采集分配系统、数据采集与服务系统等。

1）吊机

根据试验所需的起吊能力、覆盖作业范围、功能等需求，配置安装不同类型的吊机。其所配备的缆绳长度需要根据试验仪器设备需求和所处海域的水深等确定。

2）绞车

绞车系统主要包括：电机、滚筒、导向装置和试验仪器搭载装置等，根据试验需求确定其提升能力，根据平台所处海域水深和自身高度确定缆绳的长度，根据实现功能的不同可以设置安装多个绞车，例如，水文仪器绞车、生态仪器绞车和声学仪器绞车等。

3）试验机位

试验机位是试验平台保障试验仪器开展试验所必备的基础条件，可提供满足试验要求的机械结构、电源、数据传输等统一接口，可设置在试验平台的不同甲板以及升降试验装置上。

4）实验室

根据试验需求在试验平台上可设置水文实验室、生化实验室、数据集成与控制实验室、调试实验室以及值班室等，各实验室应规范配备相应试验设备、辅助实验设施，同时各实验室配置电源、数据及网络的接口。

5）水样采集分配系统

水样采集分配系统安装在平台上用于试验所需的水样采集与分配，其主要包括：采水绞车、管路、水泵和控制系统等。

（4）环境监测装备

为拓展试验平台的功能，利用其可靠、稳定以及配套设施齐全的良好条件，在使用空间等条件允许的情况下，可配置安装气象观测、海洋环境监测等仪器装备，实现对海域环境的长期观测和数据积累。

（5）数据采集系统

数据采集系统一般布置在试验平台的数据处理实验室，主要为试验仪器提供采集接口，如 RS232、RS485/422、CAN、以太网和光纤等标准接口，建立与各实验室的数据连接公用通道和公共网络通信，并对平台各实验室和试验机位实现全覆盖。

（6）安全保障系统

安全保障系统是试验平台安全运行的基本保障，主要包括：视频监控、雷达监控、消防救生、助航设备、后勤补给、船舶停靠、安全梯与吊篮等。

1）平台安全监控系统

该系统可依托试验平台以及附近的海岸和岛屿建设，在实现对平台自身安全监控的同时，可实现对试验海域的安全监控。可通过在试验平台重点区域（如试验机位、发电机组、平台安全梯等区域）安装视频设备和试验平台顶部（开阔位置）安装视频设备、雷达及 AIS 等，构建平台安全监控系统，可实现在试验平台值班室和岸站控制室的实时与远程监控。

2）消防与救生

按照消防规范要求，在试验平台上各部位，包括甲板、实验室、发电机室、值班室等配备灭火器、消防栓、消防砂箱和消防泵等；按照海上平台安全规范要求，试验平台上配备救生艇、抛投式救生筏、救生圈、救生浮索、救生衣和保温救生服等。定期通过资质部门检验，试验前需对参试人员安全培训。

3）助航设备

试验平台需按海上航行等相关规定，配备电雾笛、广播设备、报警设备、无线电通信设备、助航标识灯和障碍灯等。

4）后勤补给

为了保障试验人员和管理人员的工作和生活需求，并根据试验平台具体情况，可设置办公室、休息室、厨房、餐厅、卫生间、淡水系统和污水系统等。

5）船舶停靠

依据试验平台的试验功能需求及主体结构，充分虑试验平台所处海域的水文条件以及停靠船舶吨位等情况，建造船舶停靠装置，保障试验仪器设备和人员的安全运送。

6）安全梯与吊篮

试验平台在运行过程中，试验人员上下平台会比较频繁，为了保障人员的安全，需要按照海上平台相关安全规定的要求，建造安全梯、吊篮。

3.1.2 典型的桩基式试验平台——欧洲海洋能中心（EMEC）潮流能试验平台

欧洲海洋能中心（EMEC）位于苏格兰奥克尼群岛，是欧洲首批建成并接入电网的海洋能试验场，也是目前世界上最大的波浪能和潮流能原型装置测试场，可为海洋可再生能源研发机构提供测试与认证服务。

总部位于爱尔兰都柏林的 OpenHydro 公司，2006 年在 EMEC 潮流能试验场建成了第一个海上桩基试验平台。同期，还安装了 250 kW 的潮流能发电装置，通过开展试验测试，该装置成为苏格兰第一台并网的潮流能涡轮发电机，之后也成为英国第一台成功向国家电网发电的潮流能涡轮发电机。

图 3.2　欧洲海洋能中心（EMEC）潮流能试验平台

引自 https://www.emec.org.uk/about-us/our-tidal-clients/open-hydro/

该试验平台由 2 个嵌岩桩柱支撑，试验操作平台悬挂固定在桩上以提供工作环境。通过机械装置将直径 6 m 的潮流能发电装置固定在桩柱上，并通过 2 个 15 t 的液压绞车带动潮流能发电装置升降，使潮流能发电装置能够工作于设定水深、也可将潮流能发电装置从水中升起，减少了测试、维护和更新设备的成本和时间。随着后续项目的开展，OpenHydro 公司将其后续几代潮流能发电装置陆续安装到该试验平台上进行测试，其中第 7 代直径 6 m 的涡轮发电机于 2014 年 4 月安装，累计运行时间超过 10 000 小时。目前该试验平台仍在原位，以支持潮流能发电装置现场的海上试验测试。

3.2　浮式试验平台

浮式试验平台是一种采用漂浮式结构的海上试验平台。根据其功能和体量的不同，可分为自身吨位大、试验功能相对齐全、试验条件较好的大型浮式试验平台和以浮标形式为代表的小型浮式试验平台；根据其锚泊方式不同可分为单点锚系式和多点锚系式。浮式试验平台相较于桩基式试验平台具有可根据试验需求调整布放海域、遇到灾害性天气可以移动避险、可回港（在船厂）进行维护和改造的优点。本章将重点针对大型浮式试验平台（中国船级社，2020）和浮标式试验平台进行介绍。

3.2.1　大型浮式试验平台

大型浮式试验平台一般长期布放于试验海域，具备持续为海洋仪器设备提供试验条件和场所的能力。以试验海域的气象水文等海洋资料为依据，以满足海洋仪器装备海上试验需求为目的，开展平台功能及结构设计。大型浮式试验平台对于海域环境的适应性较强，且可以通过调整锚泊系统适应不同水深等条件的试验海域，平台具有较好的抗风浪性能，船舶可停靠、方便试验人员和试验仪器设备上下平台。此类平台一般在舱体室、甲板等平台上的空间设计建造试验设施和试验环境。

（1）构成

大型浮式试验平台主要围绕海洋仪器装备的海上试验需求开展功能和结构设计，同时，兼顾试验海域海洋环境观测监测功能。设计建造需符合《国内航行海船法定检验技术规则》《国内航行海船入级规则》《国内航行海船建造规范》和《材料与焊接规范》等相关标准规范的要求。平台一般包括：平台主体、舾装、轮机和电气 4 个部分。

1）平台主体

平台的大小、结构需视其功能和试验海域环境条件状况而定，通常情况下，近海平台排水量在 1000 t 以内、深远海平台排水量可大于 1000 t。在满足试验需求和适应所在试验海域环境条件的前提下，不必追求过大的排水量，否则会造成较高的建造和运行成本。平台主体材料一般采用船用钢，其构成设计为甲板以下舱体、甲板和甲板上功能舱室 3 部分。

甲板以下舱体大小根据平台整体结构和功能需求进行划分，可以设有艏艉舱、空舱（或为压载舱）、发电机舱、梯道间、食品库、备件库、油舱、淡水舱和污水舱。各相邻舱室之间做好密封防护。

甲板上可建设实验室、组装调试区、月池试验区、控制室、配电室、值班室、休息室和厨房等。月池试验区是在甲板上开设的通海试验井，以方便试验仪器的布放和回收。

2）舾装部分

平台舾装部分包括：锚泊系统、吊机、升降系统、消防与救生和信号灯等。

（a）锚泊系统

本试验平台长期布放于海上，为海洋仪器装备提供试验环境，需要利用锚泊系统将平台固定于指定试验海域布放点。需要根据平台的功能需求、生存能力和试验海域水深地形等条件，设计锚泊系统，此类平台一般选用多锚形式，以保证平台在海上的稳定性。锚泊系统一般由锚链、连接转环、浮筒、定位锚（抓力锚、重力锚）等组成。平台甲板上需设带缆桩，用于船舶停靠，同时需配备码头系泊索，用于平台停靠码头时的系泊。

（b）吊机

吊机是试验平台上布放、回收、搬运试验仪器、试验辅助设施以及物资等的主要设施。根据试验平台功能需求、试验水深、负载的重量和体积、吊装覆盖范围、试验平台搭载能力等情况，确定其技术指标和安装位置。可以根据不同的功能需求，配置安装多台不同种类的吊机，以方便试验的开展。

（c）升降系统

根据试验平台功能需求，在试验平台上建造升降系统，以实现较重试验仪器装备的水下试验，其承载能力、水下工作深度和连续水下工作时长等技术指标依据试验仪器装备需要而定，同时，应具备结构安装、电力供应以及数据传输的统一接口。

（d）消防与救生

按照海上安全作业相关规范要求，在试验平台上配备灭火器、消防栓、消防砂箱和消防泵等消防设施，并按要求定期检验；在试验平台上配备救生筏、救生圈、救生浮索、救生衣和保温救生服等，配备数量按照试验平台设计定员人数而定，并按要求定期检验。

（e）航行灯与信号灯

试验平台需按相关规定，配备相应的信号设备。主要包括：前桅灯、主桅灯、尾灯、左右舷灯和前后锚灯等。

3）轮机部分

轮机部分主要包括：推进装置、辅助动力装置、甲板机械和其他部分等。

（a）推进装置

推进装置用于辅助试验平台位置调整，可视情况配置或者不配置。一般包括：主机、传动设备、轴系和推进器等。

（b）辅助动力装置

一般是指除推进装置以外的其他产生能量的装置，用于供给应急设备、日常生活、甲板机械、试验设施的能量消耗。包括：柴油发电机组、风光互补发电系统、空气压缩机和液压泵站。具体数量和种类需根据试验平台设施设备及其他需求来确定和配置。

（c）甲板机械

甲板机械是为了保证平台位置调整移动、靠泊停靠、起锚、抛锚和锚系调整等所设置的机械设施，包括：舵机、锚机和绞缆机等，配备的数量与规格需要根据试验平台的功能需求确定和配置。

（d）其他部分

其他部分主要包括：机舱油污水系统，舱底、压载及消防水系统，空气、溢流、注入与测量系统，全船消防水系统，日用淡水、海水系统，生活污水系统，全船甲板疏水及泄水系统，舱室通风系统，空调系统，采暖系统，冷藏系统，专用实验用水系统等。

4）电气部分

（a）电制

平台电制一般采用 AC380 V 50 Hz、AC220V 50 Hz 和 DC24 V 绝缘系统，可满足平台自身设备和试验仪器设备的用电需求。

（b）电源

主电源由在发电机舱内安装配置的柴油发电机组提供，一般配备 2 台发电机组，1 主 1 辅，发电机一般为交流 400 V 50 Hz，三相四线（带零线）输出，发电机组功率需根据试验平台的吨位等需求确定。为减少油料消耗，充分利用海上风能和太阳能，可在试验平台上利用平台顶部和甲板空间安装配备风、光发电系统，其发电功率根据用电需求、平台空间以及风光资源状况而定。

（c）配电装置

在试验平台配电室设有配电系统，实现全试验平台的用电控制和优化管理。在主甲板设岸电箱，用于平台靠码头时接入岸电，实现发电机和岸电之间电气联锁。

（d）主要电力设备

试验平台用电设备主要包括：舱底水泵、消防总用泵、污水排出泵、机舱风机、泵舱风机、空调、吊机、绞车、升降系统、生活淡水泵、生活海水泵、铰锚机和照明等设备。

（e）助航通信设备

试验平台上的助航通信设备主要包括：电雾笛、广播设备、报警设备、视频监控系统、无线电设备（甚高频电话、双向无线电话、雷达应答器和甚高频无线电示位标）和 AIS 系统。

需要特别注意的是，试验平台电缆的敷设与电气设备的安装，应严格按照相关标准的规定进行。

（2）典型的大型浮式试验平台

1）"国海试 1"试验平台

2019 年 9 月由国家海洋技术中心主持建设的"国海试 1"试验平台，在国家海洋综合试验场（威海）试验海域完成布放并开展运行。平台为双体船结构，总吨位约为 432 t，净吨位约为 129 t，干舷为 25.07 m，总长为 30 m，型宽 21 m，片体宽 3.6 m，型深 4.5 m，设计吃水 2.2 m（王项南等，2020）。

图 3.3   "国海试 1"试验平台

试验平台主甲板上左右片体上方设有 1 个休息室和 3 个实验室，面积均为 20 m²。每个实验室内均配置了工作台等，配有交流 380 V、交流 220 V 和直流 24 V 电源接口。在甲板中间区域设置试验月池，主要用于海洋能发电机或其他较大型海洋仪器设备的试验，试验月池开口尺寸为 10.10 m × 3.46 m。在平台艏艉区域设有试验栅格，对称布置，可取下栅格盖板用于安装试验仪器设备，可以同时安装多套试验仪器设备。

试验平台上设有 1 台 5 t、臂展 10 m 的旋转吊机，可覆盖船艉部位和月池部位的试验甲板；在平台艏部设有 1 台 2 t、臂展 6 m 的旋转吊机，可覆盖艏部区域试验栅格；设有 2 台 0.5 t 旋转吊机，安装在月池旁边；设有 1 台卷扬升降试验系统，可搭载 13 t 试验装置，可通过月池沉入水下 5 m 深的位置。

试验平台配备了 2 台柴油发电机，其中 1 台主发电机和 1 台停泊发电机，布置于发电机舱。主发电机发电功率 50 kW，交流 400 V，50 Hz；停泊发电机发电功率 12 kW，交流 400 V，50 Hz。试验平台上安装了风光互补发电系统可保障平台日常试验用电和生活用电。此外，试验平台上还部署了安全保障系统，可实现试验平台及周围海域的远程监控。

2）牟平光学观测平台

在我国黄东海光学遥感海上检验场布放了一座牟平光学观测平台，该平台为半潜式平台，平台大小为 25 m × 25 m，顶层甲板离海面高度 7 m。平台上设有生物光学实验室、干实验室、仪器辐射性能跟踪实验室、观测井、监控指挥室、集成控制室等。支持长期无人值守自动观测，同时也具备试验人员开展短期驻留试验的后勤保障能力。除具有开展卫星产品真实性检验能力外，该试验平台还可用于观测方法研究、生物光学机理研究、仪器装备测试评估等，是一个多功能综合试验平台。

平台上安装的自动海面光谱仪和水色版太阳光度计组成水体表观光学测量模块，提供海面表观光谱观测数据。平台上设计了 7 m 的测量支臂，通海观测井可用于布放水体吸收和后向散射观测设备以获取水体吸收、水体散射等水体固有光学参数，也可用于布放采水设备以获得水体分析样本、分析水体成分浓度参数（李铜基等，2021）。

图 3.4　牟平光学观测平台

3.2.2　浮标式试验平台

浮标被广泛应用于海上，是实现警示、助航、环境观测、通信等多种目标的、成熟的海洋装备。作为海洋环境观测的主要手段，具有很好的稳定性和可靠性，对各种恶劣海洋环境具有较好的适应性。常见的海洋环境观测浮标根据其直径大小可分为小型浮标（直径 <2 m）、中型浮标（2 m ≤ 直径 <10 m）和大型浮标（直径 ≥ 10 m），目前国内浮标应用非常广泛，且技术也较为成熟。因此，建造浮标式试验平台对于此类应用场景的海洋仪器设备开展海上试验具有重要的意义。

（1）构成

浮标式试验平台结构形式与普通观测浮标相近，该试验平台主要满足用于浮标及类似场景的海洋仪器设备试验需求。与普通观测浮标的区别主要体现在：结构方面，设计专用的试验仪器设备安装装置，且机械接口统一，具有较好的适应性；设有登标辅助停靠装置。配备 2 套独立的数据采集、通信和供电系统，1 套用于平台状态监控、1 套用于试验设备的数据采集、通信和供电。

浮标试验平台主要包括：浮标体、锚泊系统、数据采集与通信系统、供电系统、安保系统和数据接收站。

1）浮标体

浮标体主要由主浮体、上部框架、舾装支架、仪器舱和主体支撑架几部分组成，如图 3.5 所示。

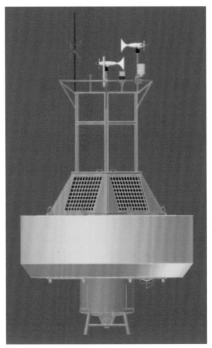

图 3.5　浮标式试验平台示意图

主浮体的主体结构全部采用抗腐蚀不锈钢（如 316 L、304 等）制作，浮体采用泡沫填充塑形（如 EVA 材料），为浮标提供浮力支撑，外表一般采用聚脲喷涂；2 个电池舱位于浮体内部，为传感器和控制设备提供电力供应；在浮子外围开设水下试验井，可开展海流计、温盐传感器和水质传感器等海洋仪器设备的试验。

上部框架可作为海洋气象仪器的试验机位，可开展海洋气象仪器的试验。其上还可安装锚灯、雷达反射器和避雷针等设备。

舾装支架上设计有系缆桩、起重眼板，以方便拖带和起吊浮标体，同时还安装有太阳能电池板，保障试验平台的供电。

仪器舱采用独立水密密封结构，内部装有主控板、通信设备等。

主体支撑架是支撑浮标泡沫浮体、舾装支架结构和上部桅杆支架等部分的重要基础结构，底端有系泊眼板，用于连接锚系结构。

2）锚泊系统

根据试验海域环境情况进行锚泊系统的理论计算及设计，一般情况下浮标平台锚链的安全配置长度应不小于水深的 3 倍，在江河入海口、海峡等常年流速及风浪较大的浅水海域，建议锚链配置长度不小于水深的 4 倍。

一般采用单点全链式锚系，主要由末端卸扣、转环组、肯特卸扣、锚链和锚等组成。具体锚链的规格、长度和类型以及锚的类型重量需根据布放海域的水深、地质和气象水文环境条件确定，使其具有良好的抓地性能，整个锚链系统需稳固可靠，确保在灾害性天气及恶劣海况时的安全。

3）数据采集与通信系统

（a）数据采集系统

数据采集系统包括：平台状态数据采集系统和试验仪器数据采集系统，平台状态数据采集系统用于对平台的状态参数进行采集和存储，主要包括 GPS、电池电压、校时数据、方位传感器、航标灯状态、AIS 信息和报警状态等进行采集。试验仪器数据采集系统用于对安装在试验平台上的试验仪器进行通信控制并对其产生的数据进行采集，该系统可由接收站通过网络通信的方式进行控制。

（b）通信系统

通信系统一般可采用卫星及 CDMA（或 GPRS）等多种通信方式，可进行双向通信。数据传输发送间隔可设为 10 min、0.5 h、1 h、3 h 等工作模式。为保障数据传输的可靠性，浮标平台具有数据手动或自动补发功能。通信系统可以保障双向的数据或命令的传输，实现对试验平台的数据采集与控制系统、参试仪器设备的数据采集和设置。

4）供电系统

供电系统可采用太阳能电池板和蓄电池组合供电方式，电源系统配有配电箱及电源控制器，设置有过压过流保护电路、DC–DC 电源变换电路。为了提高试验平台的工作稳定性和可靠性，供电系统可设计成两套独立供电系统，一套用于平台状态监控及其相关传感器的供电，一套用于试验设备的供电，减小相互之间的影响。

5）安保系统

浮标平台安保系统包括：报警系统、定位识别系统和设备防护措施等。

（a）报警系统

①状态监测报警：可对浮标平台工作电压、位置、存储、锚灯和传感器等进行监测，并及时发出故障报警信息；

②配备夜间防触碰航标灯：黄色灯色、莫尔斯码闪光等，符合 GB 4696—1999 国家标准；

③浮标平台上设有醒目的专用警示标志。

（b）定位识别系统

浮标平台安装 AIS 系统，有利于航行船舶对浮标平台的电子识别，有效保障浮标平台安全。同时 AIS 系统与独立北斗卫星定位系统相连，通过独立北斗卫星定位系统对 AIS

的报警信息数据进行解析处理,当有船舶靠近到浮标设定的警戒距离内,独立北斗卫星定位系统会将 AIS 发送的报警信息进行解析,并将靠近船舶的航行动态和静态数据发送回岸站,同时提高 AIS 的发射频度以警示靠近船舶。

（c）设备防护措施

①传感器系统、通信系统及其他仪器设备,外表面具备适应高温、高湿、高盐和严重生物附着的海洋环境的功能;

②各类电缆及联结器均采用水密设计,主要部件选用防护等级须达到 IP68;舱外电缆联结器及密封套和室外机箱等均加注专用防水密封胶;

③标体喷涂水线以上不少于 3 层,水线以下的部分不少于 5 层,需额外涂装长效防污漆,尽量减少生物附着处理;

④标体、锚系、水下传感器探测井及水下传感器安装支架的表面做防护处理;

⑤平台名称及警告标志要醒目。

6）数据接收站

数据接收站是整个浮标平台的重要组成部分,其主要功能是实时、准确接收和处理试验数据,并具有及时报警、数据查询统计及遥控等功能。同时,数据接收站可与试验平台试验数据采集系统实现远程通信及参试仪器设备的远程控制。

（2）典型的浮标式试验平台

2020 年 9 月在国家海洋综合试验场（威海）的试验海域,50 m 水深区域布放了 1 套浮标式试验平台（如图 3.6 所示）。浮标体直径 4 m,具有 4 个仪器井,内径为 0.6 m,15 个安

图 3.6　浮标式试验平台布放

装支架，仪器井配备可拆卸滑轮装置用于仪器设备安装。采集系统包括两部分：一是主数据采集器，采集浮标常规状态参数和安全报警参数，通过北斗卫星将数据传输到岸站，确保浮标试验平台的正常运行和安全；二是试验仪器、传感器用数据采集器，包括：工控机和串口服务器、无线路由器等，通过无线网络远程软件远程控制仪器设备的数据采集。

3.3 坐底式试验平台

坐底式试验平台其形式与海床基形式相似，主要为坐底式海洋仪器提供试验搭载平台。由于该平台需要布放至海底上进行工作，因此，本身具有较好的稳定性和安全性。还可以根据试验需求布放在试验区的多个位置，较为灵活。该试验平台一般采用框架式结构，具有较好的适应性和可扩展性，通过设计不同的仪器设备卡具，可以方便搭载多种仪器设备。同时，依据试验海域的底质、地形、水文环境以及仪器设备试验的多样化需求，坐底式试验平台的结构形式也可呈现出多样化，如防淤型、防沉降型、防倾倒型和防拖型等。坐底式试验平台一般分为自容坐底式试验平台、有缆坐底式试验平台和组网坐底式试验平台 3 种。

3.3.1 自容坐底式试验平台

自容坐底式试验平台结构一般采用框架式，其搭载的海洋仪器设备采用自容式工作模式。试验平台主要包括：平台主体、仪器设备固定卡具、电源及控制舱和释放器等。

（1）平台主体

平台主体结构形式主要根据试验需求和相关海洋环境因素进行设计，设计应充分考虑平台的稳定性、安全性、环境适应性和可操作性。

（2）仪器设备固定卡具

仪器设备固定卡具用于在平台上固定安装参试仪器，在海上试验之前对相关卡具进行设计、组装、调试，试验的对象不同卡具的类型也不相同，仪器设备固定卡具的设计应满足仪器设备安装、姿态等要求。

（3）电源及控制舱

电源及控制舱用于实现对参试仪器设备的供电和数据采集，根据具体情况电源舱和控制舱可以合二为一也可以独立设置。

（4）释放器

释放器用于试验平台的回收，试验结束后，通过释放固定于坐底式试验平台上的释放器并带出回收缆绳，通过该缆绳完成回收坐底式试验平台，一般为了保障平台回收的可靠性，一个坐底式试验平台配备两套释放器。

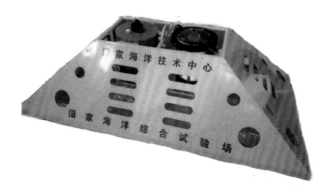

图 3.7　自容坐底式试验平台示意图

3.3.2　有缆坐底式试验平台

有缆坐底式试验平台与自容坐底式试验平台主要的区别在于，可通过海缆将坐底式试验平台与岸站相连，从而实现对坐底式试验平台的电力供应以及试验数据的实时传输。其主要包括：坐底式试验平台、海缆和岸站系统。

（1）坐底式试验平台

1）平台主体

坐底式试验平台主体与自容式坐底试验平台类似，区别在于设计有固定海缆的连接装置，以保障海缆的安全连接。

2）仪器设备固定卡具

参照自容坐底式试验平台部分。

3）电源及控制舱

电源及控制舱用于实现对参试仪器设备的供电和数据采集，与自容坐底式试验平台的电源及控制舱的不同在于，设计有与海缆连接的接口和电源转换模块。可根据具体情况电源舱和控制舱可以合二为一也可以独立设置。

4）释放器

参照自容坐底式试验平台部分。

（2）海缆

海缆用于实现岸站与坐底式试验平台之间的电力传输和数据通信，包括：主缆和海缆水密拉头，主缆结构主要包括：电缆芯、护套及铠装，电缆芯可以是双绞线和电力线组合结构、也可以是光纤和电力线复合结构。前者一般适用于海洋环境要素测量数据传输，而后者适用于视频、波谱等大数据量的传输。

（3）岸站

岸站主要由硬件系统和软件系统组成，通过海缆实现对坐底式试验平台的电力供应，接收、存储和处理试验数据，实现对坐底式试验平台的实时控制。

3.3.3　组网坐底式试验平台

组网坐底式试验平台由多个坐底式试验平台组成，并以有线（或无线）网络进行连接，从而构建水下组网试验系统，可实现试验数据的在线实时传输。组网坐底式试验平台主要包括：坐底式试验平台和接驳盒、海缆等。

图 3.8　有缆式坐底试验平台

（1）坐底式试验平台

参照自容坐底式试验平台和有缆坐底式试验平台部分。

（2）接驳盒

接驳盒是岸站和坐底式试验平台的水下连接中继站，通过海缆和湿插拔连接器连接。其主要功能是实现电源的变换与状态监控和信息的集中、转换与处理。接驳盒结构一般包括：接驳盒主体、光电分离舱、电源舱、控制舱、湿插拔连接器和辅助回收装置等部分。其中湿插拔连接器是接驳盒的关键部件之一，用于连接岸站海缆和试验平台海缆，一般需通过水下机器人（ROV）完成水下插拔作业。根据试验平台海缆传输距离和所选电力传输电压等级等实际情况，也可以把接驳盒调整为主接驳盒和次级接驳盒两级工作模式。

（3）海缆

海缆用于连接岸站和海底主接驳盒，给海底仪器设备提供供电和通信链路。

3.3.4　典型的坐底试验平台——美国蒙特雷湾的蒙特雷加速研究系统（MARS）

在美国科学基金会的资助下，由蒙特雷湾水族研究所（MBARI）在蒙特雷湾建立并运行管理由电缆/光缆供电和数据传输的深水观测站，作为美、加合作的海王星计划（NEPTUNE）的一部分，同时，也是深海仪器设备加速试验场。海底光电缆长 52 km，以水下接驳盒为试验节点，可连接水下各种观测仪器装备，如水下摄像机、ROV、地震仪、水体环境采样器和潜浮标等装备，如图 3.9 所示。

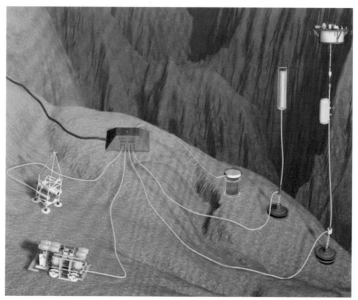

图 3.9　蒙特雷加速研究系统（MARS）示意图

该观测系统用于支撑科学家设计新型的海洋仪器设备和海洋科学研究。同时，也作为科学和工程试验基地，开展海洋新仪器和新技术的开发和试验，并作为长期实时监测深海环境的运行站位。2011 年 4 月由浙江大学、同济大学和中国海洋大学共同研制的海底观测网核心部件接入 MARS，并试验成功（中华人民共和国国务院新闻办公室，2012）。

3.4　移动试验平台

随着海洋技术的不断提升，除了传统意义的试验船舶外，无人驾驶、自航行式海洋装备发展迅速，例如，水下机器人（ROV、AUV 等）、波浪滑翔器（Wave Glider）、无人船（USV）等，已被大量应用于海洋环境调查等活动。因其具备小型化、运动灵活、操作相对简单等特点，其潜在市场和应用场合都有很大的发展空间。因此，对应此类移动平台的专用海洋仪器装备也被大量的开发研究，在海洋试验场研建此类装备作为移动试验平台也是非常必要的，可以针对此类专用海洋仪器装备开展试验。它与其他试验平台相比，有着特有的优势（范开国等，2021）。

3.4.1　水下航行器

水下航行器一般包括：水下机器人（ROV、AUV 等）和波浪滑翔器（Wave Glider）等设备，其结构主要包括：水下航行器主体、推进系统、储能/电源、控制系统、仪器设备搭载装置、能量捕获装置（Glider 等）和脐带缆（ROV）等部分。在试验场里将其作为试验平台时可把仪器设备搭载装置进行模块化设计，具体可根据试验需求进行相关设计。

3.4.2　无人船

无人船（USV）可以通过卫星定位和控制系统实现水面上航行和任务执行，近海操作也可以通过遥控实现水上作业。无人船一般由船体、能源系统、推进系统、导航定位系统、通信传输系统、控制系统和仪器设备搭载装置等组成。通过控制系统、通信系统、各类传感器实现对海域的探测、海上事故搜救、水文环境测量、海域巡视等。在试验场里将其作为试验平台时可把仪器设备搭载装置进行模块化设计，具体可根据试验需求进行相关设计。

3.4.3　试验船

对与离岸较近的浅海海洋试验场，可配备小型试验船舶作为试验平台，主要针对船载海洋仪器设备、航行拖曳式海洋仪器设备等开展海上试验。对于深远海的海洋试验场，可根据试验需求和海洋环境情况，配备较大型的试验船舶。

试验船舶上根据试验需求配备相应的试验装备，主要包括：各类吊机、试验绞车、试验机位和实验室等。

3.4.4　典型的移动试验平台

（1）DOE 公司的观察检测级 ROV

DOE 公司的观察、检测级系列 ROV——Vector M5-557，配有摄像机、照相机、声呐和小型机械手，适用于不同水下观察、轻型作业的场合。最大工作水深从 50 m 至 600 m，航速从 1 kn 至 3.5 kn，配载能力从 3 kg 至 11 kg 不等。如必要，还可通过增加浮力材料的方式提高配载能力，在此基础上可以增加仪器设备搭载装置，用于开展海上试验。

图 3.10　DOE 公司的 Vector M5-557

（2）云洲 M40P "听风者"海洋调查无人船

M40P "听风者"海洋调查无人船平台为云洲智能科技股份有限公司生产，具备海上地磁观测、水下地形测绘、海底浅地层探测、流速测量和水下物体排查等功能，船体尺寸 4.5 m（长）×2.3 m（宽），材质为铝合金，排水量 1.4 t，负载能力 80 kg，最高航速可达 15 kn，配有湿端升降结构 / 自动绞车。在此基础上可以增加仪器设备搭载装置，用于开展海上试验。

图 3.11　云洲 M40P "听风者"海洋调查无人船平台

（3）"向阳红 08"号调查船

"向阳红 08"号调查船所属自然资源部北海局，于 2008 年 11 月完成建造，为近海调查船，总长 54.8 m，型宽 8.8 m，吃水 2.4 m，总吨位 599 t，航速可达到 11 kn，续航能力 4800 n mile，配备了水样分配实验室、后置实验室、干实验室、信息中心、洁净实验室和集成湿实验室，同时在甲板上配有 1 台锚机、2 台绞车（水文和地质）、1 台 A 型架和 1 台臂吊车。长期服务于近海的资源调查、海洋仪器设备海上试验等。

图 3.12　近海调查船——"向阳红 08"号

参考文献

陈惠俊，2016. 风光互补发电应用技术 . 北京：化学工业出版社 . 236.

范开国等，2021. 海洋无人自主观测装备发展与应用（平台篇）. 北京：海洋出版社 . 198.

李铜基等，2021. 牟平观测平台水体表观光学特性测量功能设计与实现 . 海洋技术学报 . 第 6 期：1-8.

王项南等，2010. 国内外海上试验场建设现状与比较分析 . 海洋技术 . 第 2 期：14-16.

王项南等，2020. 锚泊式海上试验平台设计 . 中国科技成果 . 第 15 期：31-33.

中国船级社 . 2020. 海上移动平台入级与建造规范 . 455.

中国船级社 . 1993. 海上固定平台入级与建造规范 . 325.

中华人民共和国国务院新闻办公室，我国自主研制的海底观测网核心部件在美国 MARS 海底观测网络上试验成功 .（2012-04-19）[2023-03-15]. http：//www.scio.gov.cn/m/zhzc/6/2/document/1146043/1146043.htm.

The European Marine Energy Centre LTD，OPEN HYDRO.[2023-03-15]. https：//www.emec.org.uk/about-us/our-tidal-clients/open-hydro/

第4章　海洋环境观测系统

海洋试验场海洋环境观测系统，主要是通过一系列海洋观测仪器装备和观测平台，对试验场海域的基本海洋环境开展业务化观测，提供试验场海域基本的海洋环境信息，服务于海洋仪器装备的试验、测试和评估。海洋环境观测系统通过对试验场海域的长期、连续观测，掌握试验场海域海洋水文、海洋气象、海洋生物、海洋化学等海洋环境要素的空间分布特征和长期变化规律，把试验场海洋背景场变为"透明场"，为试验场开展海洋仪器装备试验、测试和评估提供基础条件。

通过海洋环境观测系统掌握试验场海域的海洋环境信息，一方面有利于海洋仪器装备试验测试方案的制定。根据试验场海域海洋环境特征和变化规律，选择适合当前仪器装备试验的试验地点、试验周期和试验设计。例如，在开展海洋能发电装置试验和测试时，利用长期、连续观测的海洋环境基本信息，可以对试验场海域的波浪能、潮流能资源进行精确评估，从而有助于海洋能发电装置测试前的方案设计、参数设置和调整等，将大大节省试验准备时间，提高试验效率。另一方面，海洋环境观测系统可以为海洋仪器装备试验提供基本环境保障。在试验期间为海洋仪器装备试验提供全面、完整的海洋环境基本信息，便于试验过程中根据海洋环境的变化进行必要的调整，也为后期开展客观、准确的试验分析和评估提供必要的基础环境数据。此外，海洋环境观测系统还可以为部分不易在试验测试平台开展试验测试的仪器装备提供试验测试环境。

海洋试验场海洋环境观测系统通常包括验潮站、气象场、雷达站、浮标、潜标、海床基和移动观测平台等。

4.1　验潮站

验潮站主要开展试验场海域的潮位观测，为试验场提供潮位和海平面高度的基本信息，同时具备对潮位观测仪器设备进行试验和测试的能力。

验潮站应选择距离试验场海域较近、能代表试验场海域潮汐特征、海面相对开阔且与外海畅通、不易淤积、水流和波浪影响较小的陆地或岛屿，且海岸地质条件稳定，社会经济活动平稳，不易随时间变化而失去潮位代表性。验潮站应具备正常供电能力并配备应急电源。验潮站附近应设置基本水准点和校核水准点，其中基本水准点须按国家二等或以上水准测量要求与国家水准高程系统连测。验潮站应根据当地的理论最低潮面确定潮高基准面。此外，还需测量验潮站所在的经度和纬度，精确到秒。

验潮站设置验潮井，根据实际情况建设岸式验潮井或岛式验潮井。在验潮井内外设置水尺，通过与校核水准点连测确定水尺零点。同时在验潮井或附近为其他类型的潮位观测设备预留观测位置和观测条件。

图 4.1　岛式验潮站示意图

验潮站的潮位观测应选择当前国内或国际认可的、可靠性和准确性较高的仪器设备或传感器，并选择两种不同原理的潮位测量设备同步开展观测，其中至少一种需安装在验潮井内测量。设备测量潮高的准确度，最大允许误差为 ±1 cm，采样频率不低于 3 s/ 次，记录频率不低于 1 min/ 次。

潮位观测仪器设备安装、数据记录和处理等技术要求参考《海洋观测规范　第 2 部分：海滨观测》（GB/T 14914.2—2019）中的相关内容。

4.2　气象场

气象场主要开展试验场海域的海洋气象测量，为试验场提供基本的海洋气象参数，同时具备对海洋气象测量仪器设备进行试验和测试的能力。海洋气象观测参数包括风、气压、空气温度、相对湿度、海面有效能见度和降水量。

气象场应选择距离试验场海域较近、能代表试验场海域海洋气象特征的地点，要求场地空旷平坦、四周环境开阔、气流通畅。有条件的情况下应建设 25 m × 25 m 的标准气象场，在条件受限的情况下场地大小也可取 16 m（东西向）× 20 m（南北向）或 7 m（东西向）× 10 m（南北向），在海岛等特殊环境建设时可根据实际情况确定。气象场周围应设置围栏保护，具备正常供电能力并配备应急电源。气象场建设完成后需测量其所在的经度、纬度和高程，经度、纬度精确到秒，高程精确到 0.1 m。

图 4.2　标准气象场示意图

气象场的海洋气象观测设备应选择当前国内或国际认可的、可靠性和准确性较高的仪器设备或传感器。

对风的观测，主要观测风速和风向，采样频率不低于 3 s/ 次，测量准确度在风速不大于 5.0 m/s 时，最大允许误差为 ±0.5 m/s，当风速大于 5.0 m/s 时，最大允许误差为观测值的 ±10%，风向准确度要求最大允许误差为 ±5°。测量设备安装位置距地高度不得低于 10 m，在同一高度预留 2～3 个安装点，日常工作时选择两种不同原理的测风设备（如机械式和超声风式）同步开展观测（王军成，2016），同时具备为风测量仪器设备开展试验和测试的能力。此外，应将气象场的风速风向测量结果与在试验场海域通过水文气象浮标、固定平台等现场测量的风速风向进行比较分析，建立相关关系。对气压的观测，采样频率不低于 3 s/ 次，测量准确度最大允许误差 ±0.1 hPa。对空气温度和相对湿度的观测，采样频率不低于 3 s/ 次，空气温度的测量准确度最大误差为 ±0.2℃，相对湿度大于 80% 时，最大允许误差为观测值的 ±10%，小于 80% 时，最大允许误差为观测值的 ± 8%。对海面有效能见度的观测，采样频率不低于 3 s/ 次，最大允许误差为观测值的 ±10%。对降水量的观测，应每分钟记录一次，在日降水量大于 10.0 mm 时，最大允许误差为观测值的 ±4%，日降水量小于等于 10.0 mm 时，最大允许误差为 ± 0.4 mm。

气象场的设计建造要求、观测仪器设备的安装、数据记录和处理以及其他技术要求参考《海洋观测规范　第 2 部分：海滨观测》（GB/T 14914.2—2019）、《地面气象观测规范　总则》（GB/T 35221—2017）、《气象探测环境保护规范　地面气象观测站》（GB 31221—2014）中的相关内容。

4.3　雷达站

雷达站主要开展试验场及周边海域海表面波浪、流和风的观测,为试验场提供海表面波浪场、流场和风场的基本信息,同时具备为海洋雷达观测设备开展试验、测试和评估的能力。

雷达站的选址应充分考虑地理环境、电磁环境的潜在危害和潜在有害干扰,观测环境能够长期稳定,并确保试验场海域在其最佳观测范围内。对高频地波雷达,应选址在地形向海突出、地势平坦或坡度较缓、向海一侧空旷无阻挡且与海水距离小于 100 m、海面开阔的地点,远离陡坡、铁塔、高压输电装置、陆上风电场、电站、工业干扰源以及高大的树木和建筑物等;对 X 波段雷达,安装位置视角开阔不小于 180°,观测海域开阔、海底地形较平坦,且应避开码头、航道、海上风电场、锚地、养殖或捕捞区、水上构筑物等。雷达站的选址建设应通过海洋主管部门的批准,并按照国家无线电管理的有关法律规定获得无线电频率有关的许可和批准。

图 4.3　高频地波雷达和 X 波段雷达示意图

雷达站除了雷达天线安装场地,还需建设机房及供电、防雷、安防系统等。雷达观测仪器设备应选择当前国内或国际认可的、可靠性和准确性较高,且应用效果良好的设备。对高频地波雷达,第一观测项目是海表面流,也可观测海浪和风,对海表面流的观测准确度,流速为 20 cm/s,流向为 30°;对 X 波段雷达,第一观测项目为海浪,也可观测表面流和海冰,对海浪的观测准确度,波高为 0.5 m ±15%,波周期为 1 s,波向为 15°。无线电发射设备应按照有关规定经国家无线电管理部门核准。

雷达站的基础设施建设、设备安装、数据记录和资料处理等要求参考《海洋观测规范　第 4 部分:岸基雷达观测》(GB/T 14914.4—2021)和《海洋观测雷达站建设规范》(HY/T 201—2016)中的相关内容。

4.4　浮标

海洋试验场的浮标主要包括水文气象浮标和生态浮标。由于用于海洋生物和海洋化学要素观测的传感器因观测原理、观测方式的缘故，通常需要 1 ~ 3 个月时间进行一次更新维护，因此不宜与可进行长期连续观测、维护周期较长的水文气象浮标集成在一起，宜选择体型较小、易于布放回收和维护的小型浮标独立开展海洋生物、化学要素的观测。

4.4.1　水文气象浮标

水文气象浮标主要开展试验场海域的海洋水文和海洋气象观测，为试验场提供实时的海洋水文和气象基本信息。水文气象浮标的观测要素主要包括海水表层温度和盐度、水体温盐剖面、波浪、海流、风、气压、气温和相对湿度等。

图 4.4　水文气象浮标示意图
图源：国家海洋技术中心

水文气象浮标应布放于试验场海域核心区域，能够反映试验场海域的基本海洋环境特征和变化规律。浮标布放后，测量并记录布放位置的经度、纬度和水深。浮标在位率应大于等于 90%，具备移位报警和实时通信能力，并至少配备两种不同的通信手段，数据传输频率不低于半小时每次，实时观测数据接收率大于等于 95%。应记录和存储原始测量数据，包括观测时间、观测位置、观测项目、观测要素的测量值和其他辅助参数等。

对表层温度和盐度的观测，测量传感器宜安装在浮标吃水线以下 1 m 处，即测量海面以下 1 m 的海水温盐。观测温盐剖面时，观测参数包括观测层的海水温度、盐度和深度，观测层的深度设置参考标准观测水层的划分。波浪的观测参数包括波高、波周期和波向，波浪观测要求浮标具有较好的随波性。海流的观测参数包括流速和流向，通过单点海流计开展表层海流观测，若通过声学多普勒海流剖面仪进行剖面海流观测，当水深小于 100 m 时，每层厚度宜设定为 4 m；当水深大于等于 100 m 时，宜设定为 8 m。

对风要素的观测，包括风速和风向，风测量传感器应有备份或热备份，并安装在浮标的顶部，校正风向的罗盘安装在周围结构对其没有磁性影响的位置，记录浮标在静水状态下风传感器相对于水面的高度，并将观测结果订正到海平面 10 m 高度的观测值。对气压的观测应将观测结果根据气压传感器的高度订正到海平面气压值。气温和相对湿度传感器应安装在浮标上通风较好的部位。

对水文气象浮标数据分析处理等其他技术要求参考《海洋观测规范　第 3 部分：浮标潜标观测》（GB/T 14914.3—2021）中的相关内容。

4.4.2　生态浮标

生态浮标主要开展试验场海域的海洋生物和海洋化学要素的观测，以提供试验场海域实时的海洋生物化学特征基本信息。观测要素主要包括海水温度、盐度、叶绿素 a、溶解氧、pH 和营养盐等。

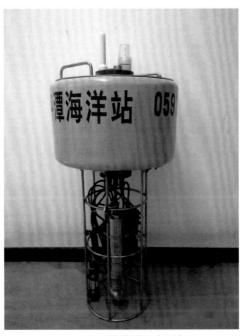

图 4.5　一种海洋生态浮标

图源：国家海洋技术中心

生态浮标通常布放在水深较浅的海域，浮标连续、正常工作的时间周期不少于 1 个月，工作频率不低于 1 h / 次。浮标的设计、布放回收方式等注重易于维护性。生态浮标采用的传感器应选择当前国内或国际认可的、可靠性和准确性较高的，不同类型传感器的安装位置采用独立结构设计，便于单个传感器的维护和更换。浮标的其他数据采集、数据传输等功能模块也应设计为便于独立更换或整体更换的方式，以便维护。此外，浮标应具备现场校准能力，设计现场校准功能接口，可在现场完成部分传感器的时漂修正（徐韧等，2019）。

对于深海试验场，可以通过当前技术相对成熟的生物地球化学剖面漂流浮标（BGC–Argo）定期开展试验场海域海洋生物和海洋化学要素的剖面观测，BGC–Argo 搭载的传感器测量的要素主要包括溶解氧、pH、硝酸盐、叶绿素、悬浮颗粒物和光辐照度等，可测量从海表层到水深 2000 m 深度的水体剖面。

4.5 潜标

潜标主要用于观测试验场海域水体剖面的海流和温盐等要素，可与水文气象浮标共同形成对整个海气界面 – 水体剖面的完整测量。潜标适宜在水深较大的深海试验场开展水体温盐剖面和海流剖面的观测。

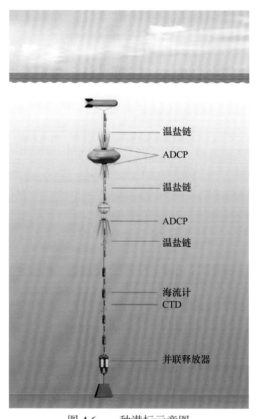

图 4.6   一种潜标示意图

图为中国海洋大学"南海潜标观测网"的一种适用于 1000 m 深度潜标结构图，
图源：青岛海洋科学与技术试点国家实验室

潜标应布放在深海试验场海底地形较平坦的区域，能够反映试验场水下温度、盐度、海流的基本特征和变化规律。潜标应具备自动释放、定位和校时能力，自动释放机构宜采取两台释放器并联的方式安装,以提高回收的可靠性。潜标宜具备声学通信能力,利用在水文气象浮标加装声学通信模块或专用声学通信浮标实现数据实时传输。温盐剖面的观测包括观测层的海水温度、盐度和深度,至少每半小时观测一次,观测层的深度设置参考标准观测水层的划分,对内波等特殊观测对象,可根据实际情况确定观测频率和观测深度。当通过声学多普勒海流剖面仪进行剖面海流观测时,每层厚度宜设定为 8 m,或根据实际情况进行设置。此外,也可通过自动剖面测量潜标开展上述观测。

对潜标的其他技术要求参考《海洋观测规范　第 3 部分:浮标潜标观测》(GB/T 14914.3—2021)中的相关内容。

4.6　海床基

海床基适宜在水深较浅(通常小于 100 m)的试验场海域开展水位、波浪、海流剖面和底层温盐的观测。

图 4.7　海床基示意图

海床基应布放在试验场海域地形相对平坦、能反映试验场海域海流剖面基本特征和变化规律的地点,原则上海底坡度不宜超过 10°,底层流速不宜超过 1 m/s,根据底质情况采取必要的措施防止沉降、侧翻和底拖网。海床基应具备自动释放、定位和校时能力,可通过海底电缆与试验场的固定平台或陆地岸站连接,实现实时数据传输和供电,也可通过安装声通信机,利用在水文气象浮标加装声学通信模块或专用声学通信浮标实现数据实时传输。利用海床基进行水位观测时应根据水文气象浮标的气压观测结果进行气压订正,通过声学多普勒海流剖面仪进行剖面海流观测时,根据实际水深情况,每层厚度宜设定为 1~4 m。

对海床基的其他技术要求参考《海洋观测规范　第 3 部分:浮标潜标观测》(GB/T 14914.3—2021)中的相关内容。

4.7 移动观测平台

无人艇、无人水下航行器（AUV）、遥控无人潜水器（ROV）等移动观测平台也可用于试验场海洋环境观测，为试验场提供海洋水文气象要素的断面或场的信息，并具备海水和底质采样、视频监视等功能（国家海洋技术中心等，2022）。

图 4.8　典型无人艇、AUV 和 ROV 示意图

图中分别为珠海云洲智能科技股份有限公司研发的 L36A 水文测量无人艇，中国科学院沈阳自动化研究所研制的"潜龙二号"深海 AUV 和中国地质调查局广州海洋地质调查局牵头研制的"海马"号 ROV

无人艇主要用于试验场海域海面的水文气象移动观测，也可通过搭载 ADCP、温盐链等仪器设备开展海洋上层的剖面观测，从而配合定点观测设备实现对试验场海域海气界面水文气象要素场的补充观测。无人艇可以通过锚定工作方式作为临时固定观测平台使用，也可直接作为部分仪器设备的试验测试海上移动平台。

AUV 主要用于深海试验场海域的水下海洋环境立体测量，并可为用于水下移动观测的传感器和仪器设备提供试验平台。AUV 可以搭载常规海洋水文和生物化学传感器，开展试验场海域剖面和断面测量，配合定点观测设备实现海洋环境立体观测，也可搭载各种声呐，开展试验场海域水声场、海底地形地貌、海底沉积物和地层剖面等的观测探测，从而建立完善的海洋环境背景场。此外，AUV 可以为部分海洋仪器设备的试验测试提供所需的补充环境观测，也可直接作为用于水下移动观测的传感器和仪器设备的试验平台。

ROV 主要用于试验场的水下环境辅助观测、采样，并服务水下尤其是海底仪器设备的试验测试。通过搭载摄像机、采水器、海底采样器和机械手臂等设备，ROV 可开展海洋生物观测采样、水体采样、海底沉积物的观测和取样等工作，还可为水下仪器设备试验提供视频跟踪监视、水下接插拔和协助布放回收等服务。

4.8　小结

海洋环境观测系统主要为海洋试验场提供长期、连续的海洋环境基本信息，除验潮站、气象场和雷达站等岸基固定平台外，浮标、潜标、海床基等海上固定观测平台的位置应根据试验场海域的海洋环境特征和变化规律进行总体布局设计，并可根据长期观测情况进行必要的调整，保证观测信息对试验场环境的代表性。此外，根据试验场海域海洋环境特点和试验测试需要，也可充分利用波浪浮标、剖面浮标、海底观测系统等海洋观测仪器设备和平台。海洋环境观测系统获取的数据应建立数据库进行有效的存储和管理，通过可视化信息系统进行实时数据展示、数据统计分析以及系统运行状态、设备平台状态监控等。还应建立试验场及周边海域的海洋环境数值模型，提供立体的、更全面的海洋环境信息和预报信息，以便更好地为试验场开展试验、测试和评估提供服务。

参考文献

国家海洋技术中心，自然资源部海洋观测技术重点实验室，2022.海洋技术进展 2021［M］.北京：海洋出版社.

王军成，2016.气象水文海洋观测技术与仪器发展报告（海洋篇）［M］.北京：海洋出版社.

徐韧，刘志国，等，2019.赤潮立体监测系统［M］.北京：科学出版社.

国家海洋局北海分局，国家海洋局北海预报中心，国家海洋局标准计量中心，等.海洋观测规范 第 2 部分：海滨观测：GB/T 14914.2—2019［S］.北京：中国标准出版社，2019.

国家海洋技术中心，国家海洋标准计量中心.海洋观测规范　第 3 部分：浮标潜标观测：GB/T 14914.3—2021［S］.北京：中国标准出版社，2021.

国家海洋技术中心，武汉大学，国家海洋标准计量中心.海洋观测规范　第 4 部分：岸基雷达观测：GB/T 14914.4—2021［S］.北京：中国标准出版社，2021.

中国气象局气象探测中心，湖北省气象局，黑龙江省气象局，等.地面气象观测规范总则：GB/T 35221—2017［S］.北京：中国标准出版社，2017.

中国气象局气象探测中心，河南省气象局，云南省气象局，等.气象探测环境保护规范 地面气象观测站：GB 31221—2014［S］.北京：中国标准出版社，2014.

国家海洋技术中心，武汉大学.海洋观测雷达站建设规范：HY/T 201—2016［S］.北京：中国标准出版社，2016.

第5章 信息系统

信息系统是海洋试验场的主要组成部分之一，主要是接收并存储海洋试验场建设和运行过程中获取的海量、多源、多构数据，并以时空、来源等为纽带，在种类繁多的数据间建立起清晰准确的数据关系，实现对海洋试验场数据的高效集成与管理。在此基础上，实现对数据的自定义提取导出、统计分析、信息展示与数据空间可视化等功能，支撑海洋试验场的试验方案制定、试验结果分析、试验设备和平台管理等业务与日常运行工作。信息系统采用多种信息化技术结合的方式满足功能需求，并实现系统的长期业务化运行，为海洋仪器设备、海洋能发电装置等在海洋试验场开展试验与测试提供支撑和服务。

5.1 信息的主要来源、类型及获取方式

要实现对海洋试验场所获取的海量信息的高效集成与管理，首先需要明确信息的来源与类型，并依此对信息系统进行有针对性的设计。

5.1.1 信息的主要来源

海洋试验场信息系统集成与管理的信息来源主要包括：历史数据、环境观测系统数据、数值模拟数据、参试仪器设备数据、试验平台信息、系统管理信息等共6个数据来源。不同来源的数据以不同的预设方式存储进入系统指定的文件夹以备调用。

- 历史数据：主要来自海洋试验场建设之前，为完成场区选址、功能区设计等海洋试验场建设前期工作，通过各种渠道收集、现场勘查等方式获得，数据导入信息系统。
- 环境观测系统数据：主要由布放于海洋试验场测试试验海域环境观测系统获得，数据传输至岸基接收终端，经解析后导入信息系统。
- 数值模拟数据：主要由数值模型运算获得，传输至系统接收终端，经解析后导入信息系统。
- 参试仪器设备数据：由参试仪器设备在海洋试验场进行测试试验过程中获得，数据独立传输或通过设备搭载的试验平台传输至岸基接收端，导入信息系统。
- 试验平台信息：主要包括试验平台当前所在位置信息、试验平台实时状态监控、搭载测试试验仪器设备情况、试验平台人员信息和试验平台维护信息等，信息通过平台配置

的传感器获取或由系统管理员录入。

● 系统管理信息：主要包括管理员、用户、访客等各角色信息和系统运行日志等，信息由各角色用户录入或由系统自动生成。

5.1.2　信息的分类

海洋试验场获取的海量信息可有多种分类方式：按照要素种类可分为水文气象数据、生物化学数据、水深地形数据和地质底质数等；按照数据产生方式可分为实测数据、模拟数据和计算分析数据等；从支撑系统架构设计和应用功能开发的角度考虑，依数据变化与否，可将数据分为定常数据和非定常数据；依数据进入系统时解析与否，可将数据分为系统自动解析数据和非自动解析数据。按要素种类方式和数据产生方式的分类比较容易理解，下面重点就定常数据与非定常数据、自动解析数据和非自动解析数据分类的相关内容进行介绍。

（1）定常数据与非定常数据

定常数据是指在较长的时间内不发生变化的数据，如水深地形、地质底质等，这类数据一般在海洋试验场建设之初调查获得，不需要经常进行更新即可满足海洋试验场相关场景的应用需求。这类数据一般在信息系统开发时即导入系统，后期更新和补充由管理员操作，系统一般无须为其设计自动导入接口。

非定常数据是指实时变化的数据，如水文气象数据、生物化学数据等，这类数据在海洋试验场运行过程中通过环境观测系统、数值模拟系统等长期连续获取，并且实时变化，需要实时数据以及长期积累的连续数据才能满足相关场景的应用需求。这类数据可在信息系统开发时设计自动导入接口，实现数据的实时自动导入。

（2）自动解析数据与非自动解析数据

自动解析数据是指信息系统开发时已知数据格式与解析方式的数据，前文提到的历史数据、环境观测数据、数值模拟数据、分析生成数据、试验平台信息、系统管理信息一般都属于此类数据，信息系统建成后即可自动"读懂"此类数据的"含义"，并且可以"读懂"后对其进行管理和应用。

非自动解析数据指信息系统开发时不知道数据格式与解析方式的数据，前文提到的参试仪器设备数据大多属于此类数据。信息系统处理此类数据一般有两种方式：一种是将此类数据整体视为一个数据包，对这个"包"里装的数据无须解析、"原封不动"式地将数据包存入信息系统，用户调取时，也是将整包数据取走；另一种是在数据进入信息系统前，先利用自带的解析工具将数据"解释"成信息系统"认识"的"样子"，再导入信息系统进行存储和应用，要实现这种处理方式，需要在信息系统开发时针对常用类的数据预制系统"认识"的格式。

5.1.3 系统获取信息的方式

信息系统中除本地生成和外部人工手动导入的信息外，主要通过试验场建设的通信设备设施，接收测试试验海域环境观测系统、参试仪器设备、试验平台等获取和产生的数据信息，并通过预设的端口将数据信息自动导入。如综合观测浮标、气象站观测设备等通过 2G / 3G / 4G / 5G 等移动通信网络将环境数据信息传输至岸基数据中心并自动导入信息系统，信息系统中的视频监控等图像设备数据信息也多是采用此种方式导入；波浪骑士浮标、SZF 型波浪浮标等则主要通过短波高频无线电台将数据传至岸基数据中心并自动导入信息系统；信息系统还需导入通过北斗卫星、铱星系统等卫星通信方式传来的数据，在试验场开展测试试验的无人船、波浪滑翔器等自动观测设备常采用此种数据通信方式；部分水下试验和观测平台通过光电缆与岸站连接并传回数据，信息系统则需要与其岸站接收机建立连接，从而自动导入此类数据信息。总之，信息系统在开发时，需充分考虑数据信息获取方式的多元化，并进行有针对性的设计（夏明华等，2017；高建文等，2020）。

5.2 系统的主要功能

海洋试验场的信息系统一般采用模块化设计，其功能是为满足海洋试验场对数据和信息的应用需求，虽然不同功能定位的海洋试验场的应用需求会有所差异，但其基本的应用需求大体趋同。实现信息的存储和调用、数据质量控制、数据的分析与统计，以及满足对海洋试验场设备设施的运行与管理、试验方案制定与试验过程监管、开展对参试仪器装备的评价测试等需求，是信息系统设计的主要依据。信息系统的功能主要包括：信息管理、数据统计与分析、数据地图展示和系统管理。同时，信息系统还可根据海洋试验场具体测试试验业务开展的需要，在基本功能模块的基础上开发专门的应用功能模块，以拓展和提升信息系统的服务能力。

5.2.1 信息管理功能

信息系统对信息的管理功能是通过信息系统数据库实现的，主要涉及信息的导入、存储和导出功能。设计导入功能时，因来源和类型不同需要考虑多种导入方式，还需要进行数据质量控制；设计存储功能时需要注意建立数据间的关联，并充分考虑到海洋试验场信息总量和增加速度；设计导出时应根据不同应用场景的需要设计多种查询和调取功能。

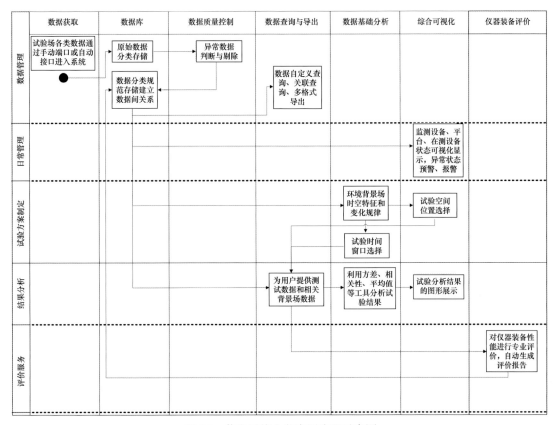

图 5.1 信息系统业务应用流程示意图

（1）信息的导入功能

将信息导入信息系统主要采用配置导入和接口导入两种方式。配置导入包括：手动导入和自动导入，手动导入主要针对历史或急需处理的格式化数据进行入库操作；自动导入则由管理员通过设置数据扫描的目录和导入周期（扫描周期），系统会自动进行文件的查找、解析、入库，并自动完成在导入过程中的数据质量校验、异常值筛查、标记、提出等质量控制相关的一系列操作。信息系统提供数据导入接口，外部系统可以通过调用接口对指定数据进行导入，同时信息系统会自动识别数据类型校验数据质量、反馈导入结果。通过接口导入可以为外部系统对接提供有效手段。信息系统一般会设置内部安全机制用于识别恶意数据导入等行为，保障本系统运行安全。

（2）信息的存储功能

信息系统要实现的信息的存储功能，不是像仓库存储货物那样简单的分类存放，而是要在分类存储的基础上，将所有入库的数据都建立起联系，为信息的高效应用奠定基础。海洋试验场相关的信息间建立关系的"纽带"主要是数据获取的时间、空间、来源等，比如 2022 年 3 月 24 日获得的波浪、海流、水质数据，可通过"2022 年 3 月 24 日"点为纽带建立起联系；再如，在某个坐标点上获得波浪、水深、底质数据，可以通过这个空间点为纽带建立起联系。数据广泛联系建立后的应用，会在本章后文中做具体介绍。

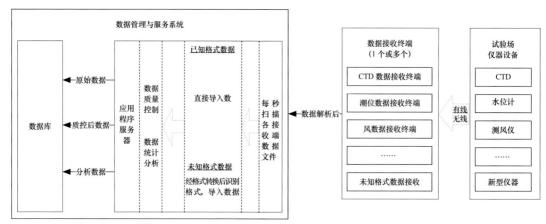

图 5.2　数据导入系统流程

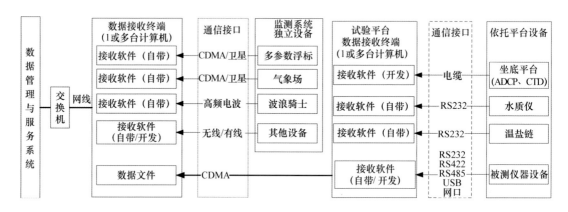

图 5.3　数据导入接口示意图

　　数据质量控制也是数据存入系统前必要步骤，是通过一系列的技术操作及测量、标注等过程，检测数据质量，剔除或标记无效、错误的数据，用来确保信息系统中使用数据的准确性和可靠性。信息系统中经常采用的数据质量控制方法包括：缺测检验和异常值检验。其中，缺测检验主要通过数据库对录入数据值是否存在作为判定标准；异常值检验主要包括：范围检验（设定数据合理范围区间）、梯度检验（要素随时间变化的异常值，对计算数据的时间序列的导数小于特定值）。当然，数据质量控制的判定与筛选标准还有很多，需要信息系统开发者根据海洋试验场管理者和用户的具体需求，将这些标准和方法"封装"入信息系统以实现对应的功能。

　　（3）信息的查询与导出功能

　　信息系统的查询功能除了能把之前存在系统里的信息"原封不动"地提取出来之外，更重要的是支持条件查询和模糊查询。查询的条件一般包括给定的值域、时间区间、数据来源、数据类型等。模糊查询主要是指在信息系统输入关键字后，信息系统给出相关的数据选项，帮助用户根据部分信息快速找到想要的数据。信息系统要实现查询功能，之前的各数据在存储时利用时间、空间、来源等"纽带"建立的广泛联系是基础和关键。比如，查询某一坐标点的波浪要素和海流要素，同时查询与波浪要素相同时间点的风场要素，从而实现条件查询；再如，波浪数据和海流数据通过数据来源"浮标"建立了联系并存储在系统中，信息系统则可以支持在输入"浮标"关键字时给出浮标获取波浪数据和海流数据的选项供用户选择，从而实现模糊查询。查询到需要的信息之后，信息系统根据用户的需要将查询结果再以多种格式导出，常用的格式包括 Excel、CSV、TXT 等。

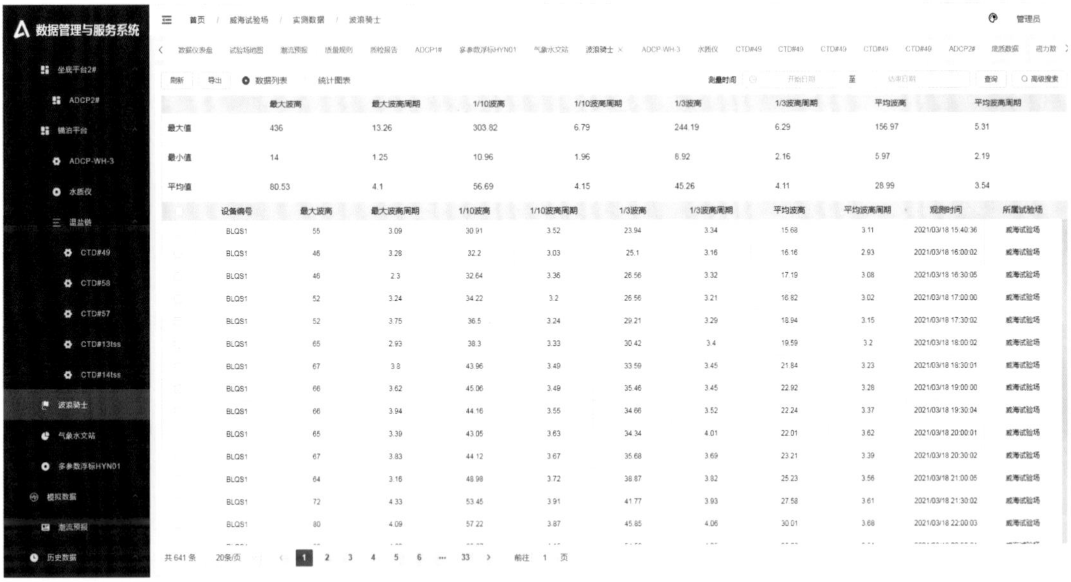

图 5.4　数据普通查询页面效果

5.2.2　统计与分析功能

信息系统在基础数据管理的基础上，还会根据海洋试验场运行保障和开展测试试验工作的需求，开发多种数据统计分析工具，为海洋试验场管理者和用户提供便利，一般的分析工具包括：统计出的最大值、最小值、平均值、方差、联合概率等。为提供更直观的参考，信息系统会将检索或统计出的所有数据以玫瑰图、折线图、散点图、柱状图等形式，展示数据统计分析、同类要素数值大小和变化趋势比较分析、关联要素对应变化关系，还可通过图表直观地看到数据随时间的变化规律。海洋试验场管理人员和用户可据此了解测试试验海域的环境条件，同时可利用该功能对参试仪器设备的试验结果进行分析。统计与分析的结果，作为二次生成的数据也会根据海洋试验场管理人员和用户的要求存入系统备用。

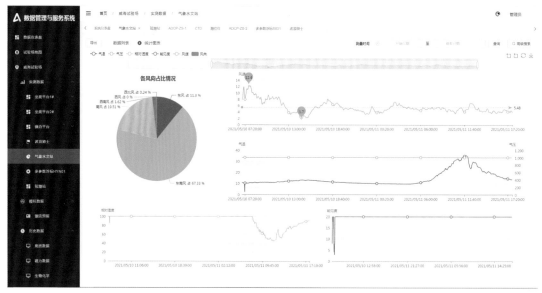

图 5.5　统计图表效果

5.2.3　数据地图展示功能

为将海洋试验场运行获得的信息更为直观地展示给海洋试验场的管理者和用户，将数据在地图上展示也是信息系统的必备功能，因此，信息系统开发引入 GIS 引擎技术是必要的。信息系统应提供基础的地图交互操作功能，可实现地图放大、缩小、移动、视角调整，支持距离测量、面积测量、角度测量、图层加载、快速定位、准确选点和投影转换等常用 GIS 基础功能。除基础功能外，在海洋试验场典型应用场景下，有两方面的地图展示功能是最为常用的：一是海洋试验场设备设施地图展示，二是测试试验海域环境要素地图展示。试验管理人员日常可通过该系统，直观、准确地掌握试验平台、监测设备等的运行状态，做好日常管理和工作安排；还可利用信息系统的数据可视化功能直观、准确掌握海洋试验场海域环境背景场的时空分布特征，支持试验位置和时间窗口的选择；试验过程中，可继续利用系统的数据可视化功能，直观了解试验海域的环境背景场情况。

（1）海洋试验场设备设施地图展示

海洋试验场的设备设施主要包括：试验平台、观测系统、保障设施、参试仪器设备等。在信息系统地图上准确显示设备设施当前所在位置信息，同时显示运行时间、设备型号、检定日期等基本信息，位置和运行时间等信息根据实际情况动态变化。在此基础上，通过地图上设备设施图标链接到其更多的相关数据，如在地图上通过试验平台图标可链接到平台上参试设备数据，通过观测系统中各观测仪器图标可链接到获取的实时数据、历史数据统计分析结果，进而链接进入数据查询、导出功能界面。这一功能，使得海洋试验场的管理者对设备设施的在位运行情况一目了然，也让海洋试验场用户多了一种更为直观的查询海洋试验场数据和信息的途径。

（2）测试试验海域环境要素地图展示

测试试验海域的水深、地形、波浪场、流场等环境要素在获取时都会带有准确的地理坐标信息，从而为这些要素在地图上的展示打下了基础。地图对环境要素的展示一般是采用要素等值线的方式，比如等深线、波浪场等值线等，这一功能可以让海洋试验场用户清晰直观地掌握其关注的某一要素在测试试验海域的整体分布情况，为其试验方案制定时选择试验位置和试验时间提供便利。再者，这些环境数据以地理坐标为"纽带"建立了联系，可以实现多个环境要素的等值线在地图上叠加显示，为关注多环境要素的用户选择试验位置和试验时间提供支持，比如用户要求的试验区域水深大于 50 m，坡度小于 10°，且 10—12 月大潮流速大于 1 m/s，则可方便使用此功能。

5.2.4　系统管理

信息系统对自身的管理主要包括 3 个方面：权限管理、设备设施管理和日志管理。

（1）权限管理

权限管理是指根据信息系统设置的安全规则或者安全策略，用户可以访问而且只能访问自己被授权的资源。信息系统可对用户身份和权限进行统一管理，控制用户的整个"生命周期"，包括用户的注册申请、创建、修改、吊销、删除等。信息系统至少应设 4 类用户，分别是系统管理员、开发维护人员、测试人员和访客，系统管理员可创建、删除和修改各种角色的权限。信息系统对能够访问网站的网络用户进行管理，确保不同级别的用户能够稳定、安全地访问到所关心的数据。

信息系统的菜单修改也是必要的功能，除增加和删除菜单节点外，菜单栏的每一个根节点、叶节点的相关配置信息都在菜单列表中，包括节点的名称、图标、类型、节点路由、路由缓存、文件路径、权限、排序号、更新时间和操作。修改菜单的权限一般仅赋予系统管理员。

（2）设备设施管理

海洋试验场在运行过程中，设备设施会不断更新和增加，信息系统对设备设施的管理也需要动态管理。设备设施在信息系统多处扮演着重要"角色"，其图标在地图上展示，地图上的图标还是设备设施数据查询和导出的入口；设备设施是信息系统功能列表中的必要内容，也是数据查询和导出的入口；设备设施同时还是多源数据建立关系的"纽带"，在数据查询中的重要"关键词"。信息系统应具有对设备设施进行新增、编辑和删除的功能，且应通过较为直观的系统对话框录入设备设施信息，并使其具备全部"角色"功能。

图 5.6　用户列表

（3）日志管理

管理人员日常可通过信息系统的此项功能，进行对系统的运行和维护。信息系统会记录访问网站和数据库的操作，当出现问题时能从日志中分析相关的非法操作和产生的原因。系统操作日志信息以列表的方式进行显示，显示的内容包括：用户 ID、昵称、请求地址、参数、访问的 IP、IP 地址和创建时间，并可根据创建时间进行排序。日志管理应具有全字段检索功能，在检索栏内输入想要检索的内容，就可查询到相关数据。

5.2.5　仪器装备评价功能

海洋仪器装备的测试评价方法和规范封装为应用功能模块，嵌入信息系统的评价子系统；嵌入的功能模块作为基于信息系统开发的一个"应用软件"，从信息系统数据库中自动调取数据，同时可调用信息系统中的基础统计分析结果，再利用模块自身设计的应用功能，实现自动分析与评价，并自动生成评价报告；分析与评价的成果存入数据库，可通过信息系统进行查询和调用。同时，对于经过验证并最终确定的相关方法和规范，信息系统将在数据库中建立相应的存储单元，对方法和规范文本进行存储。

这一设计可使信息系统具备更好的功能拓展性，满足未来更多测试评价工作的需要。为此，信息系统需要为功能模块设计专门的"通用接口"，后期增加的功能模块按照"通用接口"设定的数据存储与调用路径、数据格式等规则进行相关设计开发，即可与信息系统进行高效且稳定的数据交互，同时也不用再对信息系统后台程序代码做任何修改，实现新功能模块在系统上的"即插即用"。

5.3　系统的架构

与其他各类信息系统一样，海洋试验场信息系统一般采用 B/S、C/S 架构相结合的分层式设计，将数据采集上报，数据融合处理、数据可视化分析过程进行整合。由于海洋试验场信息系统需要服务于海洋仪器装备的测试试验，有着特殊的应用场景，因此，海洋试验场信息系统需要在满足通用技术要求的基础上，进行有针对性的"个性化"设计。本节介绍一种采用四层设计的试验场信息系统，即设备层、存储层、引擎层、应用层，设备层为硬件基础设施，存储层、引擎层、应用层均为系统的软件层；此种架构设计可以满足试验场对信息系统的功能需求。这里说明一下，此种架构设计，仅为试验场信息系统设计的一种合理选择，而非唯一选择；为说明设计思路，文中还会提及具体的应用技术名称，这些应用技术也是系统功能实现的可选项，而非必选项；相信随着电子信息技术日新月异的发展，实现海洋试验场信息系统"个性化"设计的架构选择会更多，技术手段也会越来越丰富。

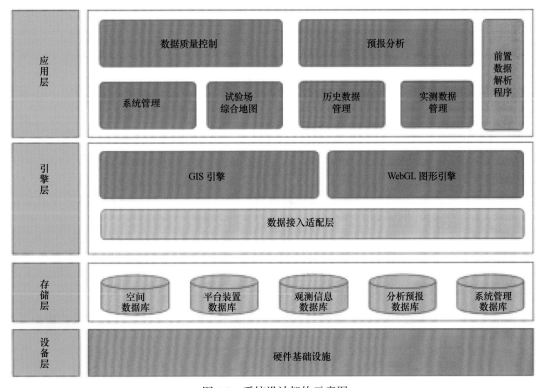

图 5.7　系统设计架构示意图

5.3.1 硬件层设计

服务器是常用信息系统设备层基础设施，为保证系统性能，通常会为信息系统配置由数台服务器组成的集群，且至少会采用双机互备集群，以保证系统中的数据安全，另外可通过 Nginx 进行流量负载均衡。服务器架构可采用微服务无状态设计，部署方式为 docker 容器方式，可以根据需要动态短时间内增加容器实例数确保服务的弹性扩容能力。

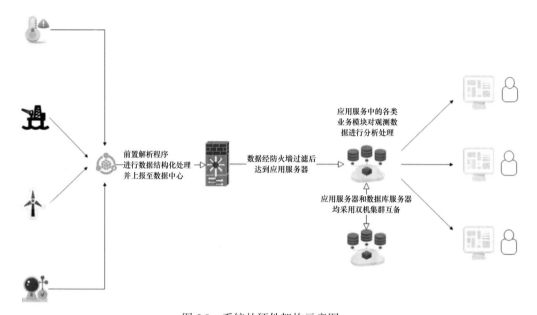

图 5.8 系统的硬件架构示意图

5.3.2 软件层设计

信息系统的存储层主要应用数据库技术进行开发，可采用双主从库互备，数据实时同步；存储层设计将各类信息按类型存储，可分为试验场设备装置信息库、实时观测数据信息库、分析预报信息库等。

引擎层可使用 GIS 引擎，将试验场环境数据、试验平台数据、试验仪器设备数据进行融合展示，并实现装置、设备的统一管理以及实时数据和历史数据的显示。同时基于 webGL 技术将潮流、波浪预报数据进行动画模拟结合地图实现，指定时间的预报动态效果呈现。考虑观测数据的时间相关性采用时序数据库 Influxdb，通过 GIS 平台直观呈现，利用 webGL 渲染技术实现海量数据的流畅表达、采用 html5 实现跨端交互 UI。

在存储层和引擎层的基础上，建立系统的应用层，根据试验场数据信息应用与管理的需要，开发系统的各种应用功能。

5.4　信息安全

考虑到海洋观测数据的敏感性与重要性，信息系统应该采取必要的数据安全设计，且信息安全建设在系统的设计初期就应该介入，且始终贯穿其中。

信息系统安全建设的整体设计思路应是将需要保护的核心业务主机及数据库包围起来，与其他网络区域进行（物理或逻辑）隔离，封闭一切不应暴露的端口、IP，在不影响现有业务的情况下形成数据孤岛，设置固定的数据访问入口，对入口进行严格的访问控制。

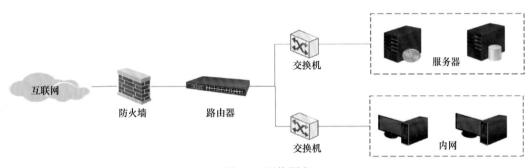

图 5.9　网络隔离

在访问入口部署防火墙、账号生命周期管理系统、数据加密系统、令牌认证系统、审计系统等安全设施，对所有外界向核心区域主机发起的访问进行控制、授权、审计，对流出核心区域的敏感数据进行加密处理，所有加密的数据将被有效地包围在安全域之内，并跟踪数据产生、流转、销毁的整个生命周期，杜绝敏感数据外泄及滥用行为。为了保证业务连续性，对关键设备也都应采用双机备份模式设计。主要的安全管理内容包括：网络隔离、IP 准入控制、账号管理、数据加密和数据库设计系统（孙佳等，2022）。

5.4.1　网络隔离

在信息系统中部署独立高性能防火墙，利用防火墙逻辑隔离出两个区域，分别是内部核心服务器及数据库区域、对外服务器区域。

在主机账号生命周期管理系统上线运行后，数据中心防火墙需要配置安全策略，对 FTP、SSH、Telnet、RDP 以及所有未使用的端口进行封闭，禁止任何外部终端对数据中心主机直接发起有效连接，只允许其通过管理系统来访问数据中心，但数据中心内部主机之间可互相连接。

在数据库账号生命周期管理系统上线运行后，数据中心防火墙需要做安全策略，对数据库端口进行封闭，禁止任何外部终端直接采用数据库工具操作数据库，但允许数据中心内部主机之间的数据同步。

5.4.2　IP 准入控制

系统管理员为入网用户分配和提供的 IP 地址，只有通过客户进行正确地注册后才有效。这为终端用户直接接触 IP 地址提供了一条途径，将用户注册与 IP 地址绑定，变相地实现了网络实名制，在接入网络的终端都被授予唯一的 IP 地址，对接入内网的终端进行有效控制，防止发生 IP 地址、MAC 地址、代理和计算机名等的冒用和滥用。

5.4.3　账号管理

部署主机账号管理系统，限制所有终端对主机的访问，并对 Telnet、SSH、RDP 等访问过程进行控制，防止终端将数据从主机上私自复制到本地硬盘，防止误操作。通常在一段时间内必须修改一次主机及数据库的密码，并妥善保管密码，防止泄露。

5.4.4　数据加密

部署加密系统（DLP），对所有流出数据中心的数据进行自动加密处理，并对数据的产生、流转、编辑、销毁进行生命周期管理。DLP 以加密权限为核心，从主动预防的角度来防止数据泄露，并采用透明加密技术，对数据进行加密，从源头上进行控制。即使内部数据流失到外部，也因为已被加密而无法使用，从而保证了数据的安全。

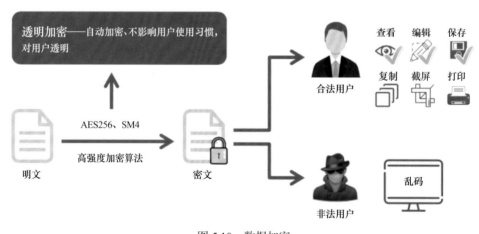

图 5.10　数据加密

5.4.5　数据库审计系统

数据库账号生命周期管理系统虽然会记录所有操作数据库的行为，但它只是记录前台的操作过程，但对于发生安全事件后快速定位、还原整个事件过程还是有些欠缺。专业的数据库审计系统，对数据库访问行为进行审计，监控敏感数据访问情况，监控数据库操作行为，记录数据库后台变化情况，事后回查。数据库审计系统可以很好地帮助用户恢复整个事件的原始轨迹，有助于还原参数及取证。在部署方式上，数据库审计系统可采用零风险的旁路部署方式。只要在交换机上设置镜像端口，而不需要对现有的网络体系结构进行调整，也无需对现有数据库进行任何更改或增加配置。

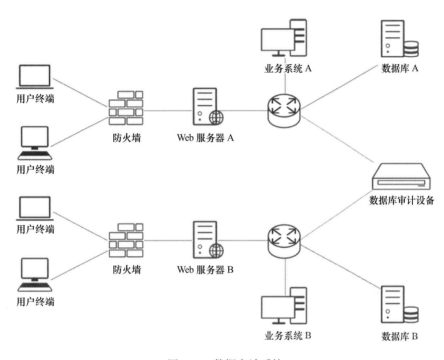

图 5.11　数据审计系统

参考文献

夏明华，朱又敏，陈二虎，等，2017.海洋通信的发展现状与时代挑战［J］.中国科学：信息科学，47（6）：677–695.

高建文，肖双爱，虞志刚，等，2020.面向海洋全方位综合感知的一体化通信网络［J］.中国电子科学研究院学报，15（4）：343–349.

孙佳，苗春雨，刘博，等，2022.网络安全大数据分析与实战［J］.北京：机械工业出版社.

第 6 章　保障设施

保障设施是海洋试验场建设、运行、维护等工作的基本保障，为海洋仪器设备的海上测试试验提供重要支撑。按照功能和作用可以将海洋试验场的保障设施划分为运行管理保障设施、岸基实验室、通信设施、船舶和码头、安全保障设施等。

6.1　运行管理保障设施

海洋试验场的运行管理保障设施主要是指为保障运行管理人员以及试验测试人员日常办公、会商、调试等而设置的专用办公设施。运行管理是保障海洋试验场正常运行的重要组成部分（详见第 7 章）。海洋试验场运行管理机构是海洋试验场建设、运行的执行机构。海洋试验场的运行管理保障设施内部应该根据实际需求进行功能设置。运行管理保障设施的位置应该基于便捷性原则，选择在交通、通信条件较好，距离海洋试验场海域较近的码头附近。通常运行管理保障设施与海洋试验场的岸基实验室可以统筹规划、建设。

6.2　岸基实验室

岸基实验室主要为海洋仪器设备的海上测试试验提供室内装配调试和试验环境。岸基调试和试验是海上试验前的重要环节，是海上试验顺利进行的重要前提。按照功能岸基实验室主要包括：海洋生物化学实验室、浸水试验设施和装配调试实验室等。

6.2.1　海洋生物化学实验室

海洋试验场的海洋生物化学实验室依据海洋试验场的功能定位，参照海洋生物化学监测及实验室相关标准建设。可在海洋生物化学实验室内对海水或沉积物样品的海洋生物化学要素进行分析，以及进行参试海洋生物化学仪器设备测量结果与实验室标准化分析结果的比对，还可完成对海洋生物化学在线监测仪器设备的定标。

实验室标准方法的测量流程一般包括：水样采集、实验室分析两个步骤。由于现场采样到实验室分析，时间不宜间隔太长，否则样品变化会直接影响实验室分析结果，因此，在试验场海域附近建设生化实验室要充分考虑到距离因素。海洋试验场的海洋生物化学实验室内配备的实验室仪器设备应该充分考虑海洋试验场试验测试的实际需求。目前常规的海洋生物化学测量参数主要包括：海水盐度、营养盐、COD、BOD、pH、叶绿素、有机碳、浮游生物和细菌等。海洋试验场的生化实验室按照功能划分为：化学分析室，生物分析室，前处理室等、仪器分析室等。生物化学实验室仪器主要包括：样品保存、处理、分析、清洗灭菌过程所用到的设备，具体包括：

（1）样品保存设备

①超低温冰箱：低温保存生物样本等；

②液氮罐：长期活性保存细菌、细胞；

③药品冷藏箱：用于冷藏保存药品、试剂、生物制品等。

（2）样品前处理设备

①移液器：定量转移液体；

②离心机：进行液固或液液颗粒分离；

③冻干机：冻结的水分子直接升华水蒸气；

④均质仪：提取样品中 DNA/RNA/ 蛋白质；

⑤培养箱：培养微生物、植物和动物细胞；

⑥生物安全柜：实验操作中空气净化负压安全装置；

⑦超净工作台：保证局部工作区域洁净度。

（3）过程分析设备

① PCR 仪：用于细菌和病毒的诊断、基因复制；

②酶标仪：酶联免疫吸附试验的专用仪器；

③核酸提取仪：核酸提取试剂自动完成样本核酸提取；

④暗箱式紫外分析仪：于核酸、蛋白电泳凝胶，薄层层板结果的观察分析；

⑤电泳仪：用于 DNA 测序；

⑥分光光度计：海水中物质浓度测量；

⑦色谱仪：对化合物样品中的各组分进行定性定量分析。

（4）清洗灭菌设备

①高压灭菌锅：实验前后杀菌；

②超声波清洗机：清洗实验器具及玻璃器皿。

此外，生物化学实验室还应该包括盛装药品的容器，称量、加热等其他辅助器材。

6.2.2　浸水试验设施

海洋试验仪器设备在进入海洋试验场试验之前，通常已经在环境试验阶段完成了静水压力等环境试验。海洋试验场浸水试验设施主要是为不同大小的试验仪器设备在进入海洋试验场试验测试前的岸基调试提供水环境。这些浸水试验设施主要包括：室内浸水试验水槽和通海试验水池。

室内浸水试验水槽可以满足大部分小型海洋测试仪器的浸水试验，水槽的尺寸根据参试海洋仪器的大小进行设计，通常应综合考虑室内条件的限制和海洋仪器的调试试验需求。

通海试验水池主要用于较大体积与重量的海洋仪器和装置的水密试验和功能试验，以及需在海水中进行的前期试验。通海试验水池通常设置于近岸、码头附近，具体位置的选择应充分考虑便于海水的注入以及试验仪器设备的运输和操作。

6.2.3 装配调试实验室

装配调试实验室对于海洋试验场来讲，是开展海上试验所不可缺少的。具体可依据海洋试验场的功能和测试试验需求进行设置，一般包括机械装配实验室和电子调试实验室。

（1）机械装配实验室

海洋试验场的机械装配实验室主要用于参试海洋仪器和系统的组装，以及传感器在搭载平台上的安装。对于不能整体运输的大型参试海洋仪器装备，各部件运抵海洋试验场后，在机械装配实验室完成试验前的组装。传感器的安装是指将在海洋试验场进行试验测试的传感器安装到海洋试验场的试验平台上，如锚泊式试验平台、浮标试验平台和坐底式试验平台等。

机械装配实验室内部应进行功能分区，一般可分为传感器安装区、仪器及系统组装区和工具及材料存放区等。传感器安装区应充分考虑试验平台的搬运便捷性，通常布置在建筑物的一层靠近门口区域，对于不易搬运的大型试验平台可以在室外或者码头划定专门的传感器安装区域。仪器及系统组装区域的设定应充分考虑操作空间以及组装后运输需求，如必要也可设置室外组装区域。工具材料存放区主要用于存放工具和材料等。

机械装配实验室应具备一定的机械加工、起重运输能力，具有良好的用电、用水等保障，依据相关要求制定规范的安全生产措施。

（2）电子调试实验室

电子调试实验室主要为参试仪器设备的供电、控制、数据采集、通信以及软件等部分的调试提供工作环境。电子调试实验室需配备包括示波器、万用表、信号发生器、频谱分析仪、电烙铁、热风焊机等仪器设备。此外，还要具备参试仪器设备通信以及软件调试所需的工作环境。依据相关要求规范提供用电等保障，制定安全生产措施。

6.3 船舶与码头

船舶和码头是海洋试验场进行试验测试的基础保障设施，承担着海上运输、海上作业、安全巡航等任务，在海洋试验场运行中具有重要作用。

6.3.1 船舶及设施

海洋试验场所需船舶按照功能可分为试验船、运输船和巡查船等。也可视具体情况进行多功能设计，使船舶具备多种功能。

（1）试验船

试验船是船载测量仪器设备、走航/拖曳式海洋仪器设备等在海洋试验场进行船载试验，以及浮标、潜标、海床基等海洋环境监测系统布放和回收试验的专用船舶。可依据具体试验需求及试验海域情况配备不同吨位和不同功能的试验船舶，以满足海洋试验场业务化运行的需要。

试验船为了能适应不同海洋仪器设备试验的需求，需配备吊装设备、采样设备、专业实验室等。

吊装设备通常包括：A 型架、伸缩吊、折臂吊、绞车等，主要用于调查海洋设备的布放和回收，以及甲板设备的安装、移动等。

采样设备通常包括：采水器、海洋生物拖网、沉积物采样器等，主要用于海水、海洋生物和海底沉积物等的采样。

专业实验室通常包括：生物实验室、化学实验室和海洋仪器实验室等。生物实验室和化学实验室主要用于样品的保存、处理和现场分析等；海洋仪器实验室主要用于海洋试验仪器设备的调试、试验数据的采集、处理和传输等。

（2）运输船

海洋试验场运输船主要负责岸基码头与试验场海区之间的试验仪器设备、基础设施、物资补给、采集的样品以及人员等的运输。

（3）巡查船

海洋试验场巡查船主要负责对试验场海域、海上试验设施、海洋仪器设备等，依据相关管理制度，开展定期和应急安全巡视检查，以保障海洋试验场的安全、有序运行。巡查船的吨位、数量依据海洋试验场的规模、所开展试验测试的性质和数量等情况而定。此外，随着无人船技术的发展，已有搭配视频监控等设备的无人船应用于海上巡查。因此，今后无人船也会以其机动灵活、低投入等优势，在海洋试验场巡查中发挥作用。

6.3.2　码头及辅助设施

码头是海洋试验场开展试验所需各类船舶停靠的必备基础设施，用于保障试验仪器设备、人员以及物资补给等的海上运输及海上作业。

海洋试验场码头可以是单独建设的专用码头，也可以是共用码头。海洋试验场码头的选址需充分考虑自然条件、经济性和便利性等方面的因素。例如，所选位置自然条件应该具有良好的避风功能，应该根据试验场船舶情况确定码头水深等。不论是新建的专用码头还是共用码头，码头与办公区域和岸基实验室间的距离不宜太远。另外，码头的岸边要有足够面积的货物和设备的存放区域，用来存放试验仪器设备等。海洋试验场码头的船舶停泊能力根据海洋试验场所配备船舶的规模和数量进行设计，如有海洋试验场以外船舶停泊的需求，则需要依据具体情况在码头设计、建设中予以考虑。

码头上的设施主要包括：装卸设施、防护设施等。吊车、叉车通常是试验场码头必备的装卸设备，装卸设备的装卸能力和数量等根据海洋试验场试验仪器设备和设施的实际情况确定。如海洋传感器、测量仪器、小型无人船、无人潜器，以及小比例尺海洋能发电装置等，由于重量不大，可以采用小型的移动起吊装置。对于大型的装置，如海洋能发电装置，重量可达几十吨乃至上百吨，则需要大型的起吊装置。海洋试验场码头的安全防护设施主要包括：橡胶护舷、防冲桩、系船柱、管沟和登船梯等，根据船舶情况和相关规范进行设置（JTS 169–2017 码头附属设施技术规范）。

6.4　通信设施

海洋试验场通信设施主要用于实现海上试验场区与岸站之间的通信。海上试验场区的试验测试数据、海洋环境监测数据以及监控数据等通过通信设施及时传回岸基数据中心的信息管理系统。岸基数据中心通过通信设施实现对试验场区内仪器设备的控制。

目前，海洋试验场常用的通信方式包括：有缆式通信和无线通信。有缆式通信一般采用专用光电复合海缆实现海上试验场区与岸基数据中心的通信，同时实现由岸基向海洋试验场的仪器设备供电。常用的无线通信包括：卫星通信、移动通信、数传电台和无线网桥等方式。

卫星通信覆盖区域大，通信距离远，通信频带宽，误码率低，通信质量高，但是时延较大。目前大部分水面监测平台，如浮标、无人船等采用卫星通信传输监测数据。

移动通信是在低频、中频、高频、甚高频、特高频几个频段，利用移动台技术、基站技术、移动交换技术、网络技术对终端设备进行连接，以满足移动通信需求的技术。目前流行的是第四代移动通信技术（4 G）静态传输速率为 1 Gbps，高速移动状态下可达到 100 Mbps，可以稳定地实现视频传输。正在进行大规模建设的第五代移动通信技术（5 G）

数据传输峰值可达到 20 Gbps，传输稳定性也更高。受基站分布的影响 4 G 和 5 G 通信还不能离岸太远，最大距离约为 30 km。在实际应用中，如果利用 4 G 或 5 G 进行长期、大数据量传输可能产生比较大的流量费用。

数传电台即数字式无线数据传输电台，根据功率不同其数据传输距离从几千米到几十千米不等，有的甚至达到上百千米。在有效距离范围内数据传输速率可达 1902 kb，传输稳定好，可以做到实时传输。数传电台具有成本低、维护简便、绕射能力强、组网灵活等优点。

无线网桥是两个或多个网络之间的桥接。由于无线网桥工作在 2.4 G 或 5.8 G 免申请无线执照的频段，因此，其突出特点是部署方便、成本低。目前无线网桥的最大传输距离约为 150 km，最大传输速率超过千兆。其架设包括点对点式、点对多式和中继式，安装时需要做到很好的对向。

海洋试验场数据类型众多，如试验测试数据、海洋环境监测数据和监控数据等，对于数据通信的要求不同，可以综合考虑通信距离、通信的实时性、数据量、成本等实际情况，设计适合的通信方案。

6.5 安全保障设施

海洋试验场的安全保障设施是为了保证海洋试验场岸基区域及海上试验区域内设备、设施以及试验过程安全所建立的一系列设施，其主要具备警示和监控两大功能。警示功能通常以警示标志的形式体现，如警示牌、警示浮标、警戒围栏以及面向社会的公告等；监控功能通常以海洋试验场监视系统的形式体现，如船舶自动识别系统（AIS，Automatic Identification System）、监视雷达、视频监控、红外成像、无人机监控和无人船监控等。

6.5.1 海洋试验场监视系统

（1）AIS

AIS 是船舶自动识别系统的简称，由岸基设施和船载设备共同组成。它能够在船舶之间、船舶与岸站之间交换船位、船速及航向等船舶动态信息以及船名、呼号、吃水等船舶静态信息。随着国际海事组织修订的 SOLAS 公约第 V 章中规定 AIS 强制性安装，安装 AIS 设备的船舶数量正在迅速增加。目前海事局要求 300 t 以上船只强制安装 AIS，农业部也在渔船上推广应用 AIS。AIS 是一种低投入和高收益的海上目标监控手段，可以对海洋试验场船只或设备进行 24 h 连续实时监视，通过数据分析能够实现海上设备异常移位的早期发现、预警和取证。通过 MMSI 号码可以追踪船只的所有权方、所处的位置、目的地等。在海洋试验场布置的设备上（如浮标、试验平台）部署 AIS 设备，可实现对过往船只进行识别。可以根据海洋试验场的海域面积、试验设备的布置情况，综合考虑实用性、成本等因素，对 AIS 进行选型（李明兵，2012）。

（2）监视雷达

雷达是利用电磁波探测目标的电子设备，属于主动探测，可以输出目标方位和距离等信息。相对 AIS 设备来说，更适合对不明身份进入海洋试验场的目标船只进行监控。

大范围的海上目标监测一般采用合成孔径雷达、高频地波雷达和 X 波段导航雷达，现阶段国内的海上目标监视监测系统多基于 X 波段导航雷达建设，应用在非法捕捞行为监管和渔船应急避险管理等方面。但是这一类雷达需要包含雷达和数据处理计算机及外接天线，整体功耗较大，需要持续开机工作，对海洋试验场安装及供电系统要求较高。一些用于游艇、内河上使用的小型雷达具有体积小、重量轻、低功耗和低电磁辐射等优点，更适合于海洋试验场小范围海域的目标监测（李明兵，2021）。

（3）视频监控

视频监控是安防领域最常用的技术手段，通过远程视频监控设备，可以实时观察海洋试验场的现场情况，了解设备的运行状态，对可能发生的危险及时做出预警措施，同时视频图像资料能够记录海洋试验场海域船只活动情况，记录船只和人员非法行为，是维权执法中最为直接的证据，在海洋试验场安全监视系统中，视频监控是主要的取证手段。

典型的视频监控系统由前端摄像机，硬盘录像机、通信模块和后端显示控制单元组成，其中前端摄像机有云台摄像机和多个固定摄像机组成，可以对海洋试验场海域进行全方位的监控。同时视频监控系统可以与雷达、AIS 等数据进行融合，通过联动实现自动化的监控（Moreira，2014；Bloisi，2014）。

视频监控系统一般搭载在按基站、海上试验平台、浮标等观测系统、试验船、无人机、无人船、水下无人潜器等平台上，从而在海洋试验场构建空中、水面和水下的立体视频监控系统（Annitha Ramachandran，2021）。

（4）红外热成像

对于海洋试验场海域，夜间和大雾天气等能见度较差的情况，船只的捕捞作业或航行更容易造成设备损坏，红外热成像设备是有效的监控手段。红外热成像系统运用光电技术检测物体热辐射的红外线特定波段信号，将信号转换成可供人类视觉分辨的图像和图形，可有效弥补可见光视频监控的缺点。

针对海上目标监视一般采用热成像双光谱摄像机，将红外热成像设备和可见光视频设备安装于同一云台旋转机构中，能胜任复杂环境（大雾、大雨、黑夜）下的有效监控，极大提高监控系统的实用性。智能型的热成像双光谱云台摄像机还可对船只运动进行检测和抓拍，在夜间可见光画面失效的情况下，可通过热成像镜头先检测到移动的船只，再联动可见光镜头进行激光补光抓拍（Hwang H G et al.，2018）。

上述海洋试验场监视系统可以单独使用，也可以联合使用。可以安装到海洋试验场的岸站、测试试验平台或浮标上，也可以搭载于无人机和无人船上实现海洋试验场海域大范围的动态监视。

6.5.2　警示设施

海洋试验场在海上和岸上划出一定的空间范围，作为海洋试验场的专用区域。为了保证海洋试验场试验测试的顺利进行，应在划定的海域、地域边界设置警示设施。目前，海上常用的警示设施主要包括警示浮标和警戒围栏。

（1）警示浮标

海洋试验场警示浮标通常选用浮标式航标。航标为航行标志的简称，海上航标是用于指示海上航道方向、界限与碍航物的标志。按照工作原理海洋试验场警示浮标主要包括视觉航标（visual aids to navigation）和音响航标（audible aids to navigation）。

视觉航标能使船舶驾驶人员通过观察，迅速辨明海洋试验场水域，避免误入海洋试验场试验区域，以保障安全航行和试验仪器设备安全。视觉航标通常颜色鲜明，是目前海上助航使用最多、也是最方便使用的航行标志。海洋试验场警示浮标大多采用太阳能给航标灯供电，便于过往船只夜间观察。

音响航标是能以声音传送信息，引起船舶驾驶人员注意的助航标志。它可在雾、雪等能见度不良的天气中，向附近船舶明示有碍航物或危险。另外，加装雷达的音响航标可以进一步提高海洋低能见度条件下的助航效果。音响航标可以与视觉航标结合使用，以达到全天候警示的目的。

（2）警戒围栏

海洋试验场警示浮标主要是警示过往船舶在未经允许的情况下不得进入试验场区，以免对场区内的仪器、设施和试验造成破坏和影响，通常如果发生船舶误闯入情况，只要及时离开不会对试验和设施产生影响。但是如果某个区域正在进行重要的试验，为禁止船只驶入则需要采用警戒围栏提升警戒级别。

海洋试验场海域面积往往几平方千米甚至更大，如果全部采用警戒围栏将海洋试验场海域进行围隔，成本和维护费用过大。在关键边界位置采用警示浮标，有重要试验的局部海域用警戒围栏，二者结合使用可以起到很好的警示警戒作用。

参考文献

李明兵，张锁平，张东亮，等，2012.视频与 AIS 信息融合的海上目标检测［J］.电子设计工程，
　20（7）：157–159.

李明兵，齐占辉，王鑫，等，2021.海上试验场目标监测系统设计及应用研究［J］.海洋技术学报，

40（3）：8–15.

潘嵩，王晓宇，高志刚，等，2018.海上目标监视监测系统建设现状与思考［J］.海洋信息，33（4）：50–55.

ANNITHA R，ARUN K S，et al.，2021. A reviews on object detection in unmanned aerial vehicle surveilllance［J］.4（2）：215–228.

BLOISI D D，PREVITALI F，PENNISI A，et al.，2016. Enhancing automatic maritime surveillance systems with visual information［J］. IEEE Transactions on Intelligent Transportation Systems，18（4）：824–833.

HWANG H G，KIM B S，KIM H W，et al.，2018. A Development of Active Monitoring and Approach Alarm System for Marine Buoy Protection and Ship Accident Prevention based on Trail Cameras and AIS［J］.Journal of the Korea Institute of Information and Communication Engineering. 22（7）：1021–1029.

MOREIRA R D S，EBECKEN N F F，ALVES A S，et al.，2014. A survey on video detection and tracking of maritime vessels［J］. International Journal of Recent Research and Applied Studies，20（1）.

第7章 运行管理与服务

建立科学的海洋试验场运行管理与服务机制，对海洋试验场的试验测试工作进行科学合理的计划、指挥、控制和协调，是确保海洋试验场有效运行、控制风险、提高服务水平的前提。该章主要介绍海洋试验场运行管理与服务的相关内容，主要包括：海洋试验场的运行管理机构、运行管理制度、海上试验流程、海试过程质量控制、海洋试验场管理与服务系统和相关资质等内容。

海洋试验场运行管理的主要目的是确保海洋试验场有效、安全运行，保证海洋试验场各部分按其功能正常运转以及人员、设备的安全。规范化地开展海上试验测试工作，对海试过程进行质量控制，为用户提供更优质、可靠的服务，从而充分发挥海洋试验场在海洋仪器设备海上试验环节的重要作用。

7.1 组织机构

海洋试验场的组织机构主要包括：决策机构、技术咨询机构和运行管理机构。

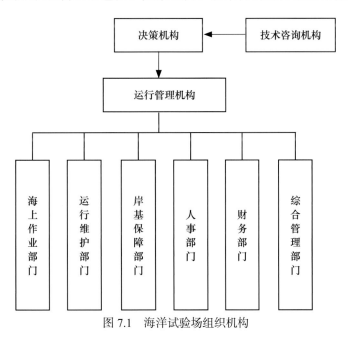

图 7.1 海洋试验场组织机构

决策机构是指依照海洋试验场相关章程规定成立的，策划和制定海洋试验场建设目标、发展规划、运行策略等重大事项的机构，代表海洋试验场对外就各项业务事项发表意见或做出决定，并组织实施。

技术咨询机构由从事海洋试验场论证、设计、建设、运行以及试验测试需求方等相关专业领域的专家组成，主要负责把握海洋试验场专业技术发展方向，为海洋试验场建设和运行过程中出现的重大技术问题提供技术咨询，为海洋试验场的科学运行和持续发展提供技术指导。

运行管理机构在决策机构的领导下，具体负责海洋试验场的建设、运行与维护等工作，主要由海上作业、运行维护、岸基保障、人事、财务和综合管理等部门组成。

7.2 管理制度

为规范海洋试验场的管理，确保其安全有效运行，提高服务质量和服务效率，针对海洋试验场的功能定位和服务内容，需依据相关法律法规和技术规程等，制定海洋试验场运行管理制度。海洋试验场运行管理制度一般包括：岗位与人事管理、财务资产管理、安全生产管理、信息管理、综合行政管理、保密管理和质量管理等制度（图 7.2）。

图 7.2　海洋试验场管理制度组成

7.3 试验流程

在海洋试验场开展的海上试验流程主要包括：试验申请、试验准备、现场测试和报告编制 4 个阶段，如图 7.3 所示。

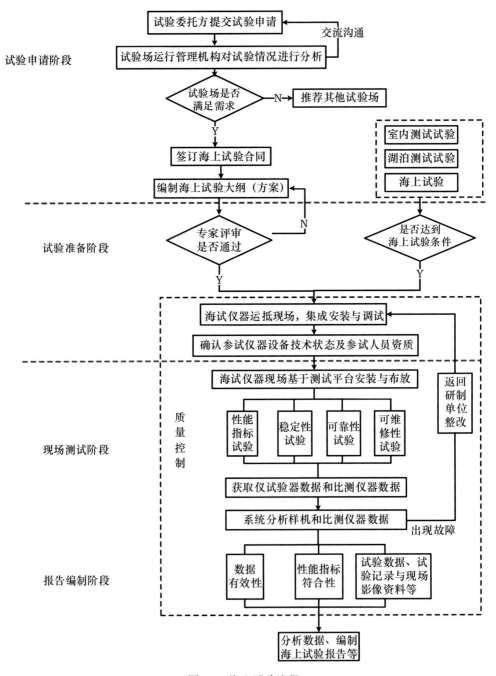

图 7.3 海上试验流程

7.3.1　试验申请

试验用户在了解海洋试验场的资源条件后，可通过线上或线下的方式向海洋试验场运行管理机构提交试验申请。收到试验申请后，海洋试验场运行管理机构对试验需求进行分析，在与试验用户充分沟通的基础上，判断本试验场区是否满足该试验的需求，若满足试验条件，依据试验用户试验需求，签订相应的海洋试验场试验测试技术服务合同。

7.3.2　试验准备

签订试验测试技术服务合同后，进入试验准备阶段，海上作业部门组织人员落实海上试验、质量控制与安全作业等具体工作，制定海上试验大纲、确认参试仪器设备技术状态及参试人员资质，同时配合试验用户完成参试仪器装置的运输、安装与调试，确保海上试验的顺利开展。

（1）制定海上试验大纲

双方充分沟通，现场踏勘，商榷试验的具体事项，制定海上试验大纲（方案）。海上试验大纲的主要内容包括：

a. 试验任务背景情况；

b. 海上试验的目的和性质；

c. 参试仪器的技术参数、技术状态和数量；

d. 海上试验内容、试验方法及其技术依据、作业程序和作业要求；

f. 海上试验地点、时间和环境条件（包括极限条件要求）；

g. 海上试验的组织管理，试验操作人员的数量、岗位及职责；

h. 比测等辅助仪器及其状态，比测方法；

i. 试验数据的处理方法；

j. 海上试验结果的评定准则；

k. 海上试验保障条件和特殊要求；

l. 海上试验安全控制方案和应急措施；

m. 作业现场技术文件、记录表格及操作程序等；

n. 达到海上试验条件的证明材料（室内测试报告、湖试报告和海上实验报告等）。

（2）参试仪器设备技术状态及参试人员资质确认

确认参试仪器设备处于正常技术状态，包括：仪器检定（校准）是否在有效期内，参试仪器设备是否达到海上试验条件（室内测试报告、湖试报告、海上实验报告等）。操作人员是否持证上岗或完成上岗培训。

（3）运输、安装与调试

试验用户须按试验大纲要求提前将参加海上试验的全部仪器设备和辅助设施运抵海洋试验场指定的区域（码头），完成参试仪器设备的岸上组装、调试，全面检查参试仪器和比测仪器技术状态，完成出海试验前的全部准备工作。

7.3.3 海上试验

试验准备工作完成后，在海洋试验场试开展海上试验，主要包括以下几个步骤：

①海上作业部门全面负责海上试验的实施，负责海上试验现场的工作安排、指挥调度、与试验用户单位的沟通、组织解决试验过程中发现的问题、决定结束和终止试验；

②海上试验严格执行《海上试验大纲》，如遇特殊情况需要变更，若《海上试验大纲》中设计了相应的预案，则按预案开展海上试验；若无相应预案则由海上作业部门组织相关人员提出更改方案，并征得试验用户单位和试验场运行管理机构同意方可实施；

③按照《海上试验大纲》中岗位设置及分工操作仪器设备，及时排除仪器设备出现的故障，分析排查故障原因，报告海上作业负责人；若故障无法排除，须采取必要的安全措施并及时报告海上作业负责人；

④海上试验过程中的资料获取、数据分析与处理严格按照相关质量控制规范，保证海试数据与结论的准确性、可靠性和规范性；

⑤完成《海上试验大纲》中的全部内容，直至海上试验结束。

7.3.4 编制海上试验报告

海洋试验场试海上试验结束后，依据《海上试验大纲》及相关技术要求，处理试验数据，分析得出结果，编制《海上试验报告》。《海上试验报告》的主要内容一般包括：

①试验任务背景情况，包括试验项目简介、海上实验性质和目的，以及参试仪器的技术状态和数量（含备件的数量）；

②海上试验的目的和性质，包括海上试验概况（包括试验前准备、试验前的状态检查、试验海域、站位、试验方法、步骤、持续时间和获取资料数量，试验海区相应的水文、气象和地质环境条件等）；

③参试仪器的技术参数、技术状态和数量；

③海上试验地点、时间；

⑤海上试验工作完成情况；

⑥样品分析情况，资料整理、处理、计算和图件编绘等；

⑦海上试验结果的分析与评价；

⑧试验中发现的问题及原因分析;

⑨附件。

7.4　质量控制

海洋试验场试海上试验质量控制主要包括:数据的质量控制和试验过程的质量控制两部分。如需要,在海上试验结束后编写《海上试验质量监督报告》,也可将质量监督相关内容纳入《海上试验报告》。

数据的质量控制是依据一定的方法、模型和参数,判断数据质量的可靠性,并进行质量标识的处理过程(数据观测规范　第 6 部分:数据处理与质量控制,2022)。

试验过程的质量控制是对参试仪器设备海上试验前准备情况和海上试验过程中质量控制,包括:海上试验前准备状态检查、试验过程中质量控制两部分。

7.4.1　海上试验前准备状态检查

海上试验前准备状态检查主要内容包括:

①海上试验申请材料检查;

②参试仪器设备检查。如测量仪器应具有法定计量单位出具的检定合格证书或合法化的自互校证明;

③参试仪器室内测试、湖试等相应的证明材料;

④对参试参试人员资质、专业技术及安全培训情况进行检查。

7.4.2　试验过程中质量控制

海上试验过程应严格按照《海上试验大纲》执行,海上试验过程中质量控制的主要内容包括:

①试验站位、时间、环境条件等是否满足《海上试验大纲》的要求;

②参试人员是否满足岗位要求;

③参试仪器设备状态是否正常,操作使用是否规范;

④原始记录是否规范。

7.4.3　编制海上试验质量监督报告

在海上试验结束后编写《海上试验质量监督报告》,《海上试验质量监督报告》的主要内容应包括:

①质量监督项目简介;

②质量监督的组织与职责；

③质量监督的措施；

④对参试仪器海上试验质量监督的具体情况；

⑤对参试仪器海上试验过程中故障及纠正措施的质量监督；

⑥海上试验质量监督结论；

⑦存在的问题（海洋仪器海上试验规范，2011）。

7.5 海洋试验场管理与服务系统

海洋试验场管理与服务系统是通过计算机与互联网等现代化技术，建立的能够对海洋试验场基本信息、管理制度、试验用户等信息进行管理与服务的综合平台。通过该系统可发布海洋试验场的环境条件、试验能力、试验计划等信息，为用户提供线上试验申请、试验审批等规范化海上试验服务。

该系统分为管理与服务两个主要部分。管理部分主要以规范海上试验为目的，提供试验申请、试验信息反馈、试验审批等功能；服务部分以海洋试验场网站的形式为用户提供服务，将试验平台的基本信息、试验海域环境、已开展的试验以及试验计划等信息及时发布，供用户浏览查看。用户注册后，可进行试验申请，并在试验结束后，查看对应试验的相关结果。此外，还可作为交流和宣传的窗口，发布海洋试验场相关信息和行业相关新闻等。

例如，在"十三五"期间，科技部支持的国家重点研发计划项目建设的"规范化海上试验信息管理系统"。该系统主要包括：门户网站、用户登录注册、基础数据维护、海试申请、海上试验大纲评审、试验验收、系统管理等模块。

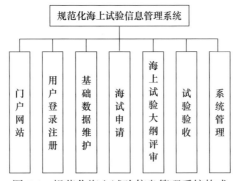

图 7.4 规范化海上试验信息管理系统构成

门户网站模块是规范化海上试验信息管理系统的入口，用来展示通知公告、海试计划、海试动态、海试专辑等信息。

用户登录注册模块，用户注册后获得普通用户权限，管理员审核注册材料通过后给予权限升级，不同的用户权限访问的内容不同。

基础数据维护模块分别实现对试验信息、试验平台信息和试验计划的维护，包括添加数据、修改数据和删除数据等功能。

试验申请模块收集、管理试验用户的海试需求，提供海试需求热图分析的功能，依据审核结果向用户进行反馈。

海上试验大纲评审模块主要实现海上试验大纲的评审功能，并向用户反馈评审结果。

试验验收模块实现海试过程资料以及技术评审信息的收集管理。

系统管理模块为系统管理员使用，主要包括菜单理、角色管理、流程管理、用户管理、参数管理等。

7.6　相关认证认可资质

7.6.1　认证认可资质简介

海洋试验场根据其对外开放和社会服务的功能，可向社会提供测试服务，为保证对社会提供数据的可靠性，应具备一定的资质。目前，国内外海洋领域相关认证认可资质主要包括：中国计量认证（China Metrology Accreditatio，CMA）、中国合格评定国家认可委员会（China National Accreditation Service for Conformity Assessment，CNAS）认证、国际电工委员会可再生能源认证体系（IEC System For Certification To Standards Relating to Equipment For Use in Renewable Energy Application，IECRE）、中国船级社（China Classification Society，CCS）认证、劳氏船级社（Lioyd's Register of Shopping，LR）认证等类型。

CMA 即检验检测机构资质认定，是"指市场监督管理部门依据法律、行政法规规定，对社会出具具有证明作用的数据、结果的检验检测机构的基本条件和技术能力是否符合法定要求实施的评价许可"。CMA 依据的标准是 RB/T 214–2017《检验检测机构资质认定能力评价检验检测机构通用要求》。目前，资质认定程序分为一般申请程序和告知承诺，主管部门是国家市场监督管理总局。

CNAS 即中国合格评定国家认可委员会，是根据《中华人民共和国认证认可条例》的相关规定，由国家认证认可监督管理委员会批准成立的认可机构。目前 CNAS 的秘书处设在中国合格评定国家认可委员会，隶属于国家市场监督管理总局。CNAS 根据认可类别的不同分为认证机构认可（依据 GB/T 27021 或等同 ISO/IEC 17021、GB/T 27065 或等同 ISO/IEC 17065、GB/T 27024 或等同 ISO/IEC 17024 等标准）、实验室认可（依据 GB/T 27025 或等同采用 ISO/IEC 17025 等标准）和检验机构认可（依据 GB/T 27020 或等同采用 ISO/IEC 17020 等标准），此外在 2022 年 CNAS 建立了第四大认可门类审定与核查机构认可。

IECRE 即国际电工委员会可再生能源认证体系，是由 IEC 合格评定委员会于 2014 年

6月批准建立的可再生能源认证体系（IEC 合格评定体系国内运作机制平台，2023），包括风能运行管理委员会（WE–OMC）、光伏太阳能（PV–OMC）运行管理委员会、海洋能运行管理委员会（ME–OMC）3 个运行管理委员会（Operational Management Committee，OMC）。现有成员国 14 个，我国国家认证认可监督管理委员会作为国家成员机构加入了该体系的风能和光伏太阳能两个分领域。

CCS 即中国船级社认证，由中国船级社质量认证有限公司专门实施，主要开展管理体系认证、服务认证、产品认证、工业产品检验及绿色低碳等领域的检测服务，涵盖化工、风电、电力、船舶、通信、新能源等领域，获得了 CNAS、UKAS、IECRE 等机构的认可（中国船级社质量认证有限公司，2023）。

LR 即英国劳氏船级社，是世界上最早成立的船级社，是国际公认的船舶界认证机构，通过了 ISO 9001（质量管理体系认证）、ISO 14001（环境管理体系认证），在检验检测领域劳氏船级社开展了型式认证、技术认证以及海上风电场项目认证，并通过了 IECRE 认证。

此外，亚太认可合作组织（Asia Pacific Accreditation Cooperation，APAC）、国际实验室认可合作组织（International Laboratory Accreditation Cooperation，ILAC）、国际认可论坛（International Accreditation Forum，IAF）也是比较著名的国际性认证认可组织。

APAC 现有 79 个成员，包括 67 个认可机构和 12 个代表合格评定机构、监管机构、行业协会等利益相关方的区域或国家层面的协会组织。其战略目标是通过在亚太区域内有效降低贸易活动的技术壁垒并推动成员国的多边互认协议获得世界范围内的认可。

ILAC 现有成员 152 个，包括 124 家认可机构、6 个区域认可合作组织以及 22 个代表合格评定机构、监管机构、行业协会等利益相关方的国际、区域或国家层面的协会组织。其宗旨是通过 ILAC 多边互认协议使协调和发展实验室和检验检测机构认可，使得实验室和检验检测机构认可获得全球承认。

IAF 现有成员 119 个，包括 88 家认可机构，6 个区域认可合作组织以及 25 个协会组织。IAF 的宗旨是通过促进认证认可相关国际标准在全球范围内得到一致的实施，建立和发展认可机构间的多边相互承认体系，促进全球贸易便利化，在全球范围内满足市场、政府监管部门和社会对认证认可的各种需求。

目前，CNAS 与 APAC、ILAC、IAF 均签订了多边互认协议。

7.6.2 国内外试验场及认证认可资质简介

在国内方面，国家海洋技术中心、中国船舶重工集团公司七五〇试验场、中国船级社质量认证有限公司（CCSC）等单位已获得了相关认证认可资质，可在认证认可授权范围内出具检验检测报告；在国外方面 EMEC、英国劳氏船级社也获得了相关认证认可资质。

国内相关海洋、风电、电力、船舶、新能源等行业相关资质如表 7.1 所示。

表 7.1　国内试验场测试资质相关情况

序号	测试单位	服务范围	资质	授权范围
1	国家海洋技术中心	承担国家海洋综合试验场的建设与运行相关工作,可开展海洋水文气象、海洋生物化学、海洋能发电装置检测等业务	CMA	海水温度、盐度、海流、海浪、水位、透明度、水色、水深等海洋水文气象要素;风、气温、相对湿度、降水量、气压等海洋气象要素;界址点、水深海洋测绘要素;潮流、电功率、波浪、功率、电压偏差、频率偏差、总谐波畸变率、电压不平衡度、闪变等海洋可再生能源要素;pH、溶解氧、活性硅酸盐、硝酸盐、亚硝酸盐、无机磷、氨、浑浊度、悬浮物、化学需氧量、总磷、总氮等海洋化学要素;叶绿素 a,以及粒度等
2	中船重工七五〇试验场	我国面向以船舶行业为主水下综合性大型试验场,主要从事水下和空中特种装备产品大型试验及其测试技术与测试方法的研究	CNAS	温度、噪声、湿度及水声换能器的声压级、输入电功率、换能器声呐等检测
3	北京鉴衡认证中心	可再生能源领域的第三方技术服务机构,在风电场领域拥有专业的团队、自主创新的能力及丰富的项目经验,可为风电项目提供全生命周期的解决方案,对风电设备设计制造、海上风电、工程与设备保险风险、在役项目、定制化应用等提供行业领先的技术服务	CMA、CNAS、IECRE	风电机组功率特性、电能质量、电网适应性等测试
4	中国船舶重工集团公司第七二五研究所试验测试与计量技术研究中心	中国船级社认可的"船舶材料验证试验中心",可开展材料理化性能测试、材料金相组织分析、现场测试、材料微观组织、表面形貌及其残余应力分析、材料力学性能测试、材料及其构件的疲劳与断裂性能测试、材料腐蚀性能测试、工程构件失效分析、安全寿命评估、计量器具检定和校准及维修等测试	CMA、CNAS、CCS	涂料、涂膜检测,腐蚀蔓延、边缘保持率、金属材料及制品的无损检测、剪切机拉伸试验等
5	上海海洋大学船舶压载水检测试验室	专业从事船舶压载水研究和第三方检测的资质实验室,拥有检测公约规定的所有压载水检测参数的检测能力,能够独立完成符合国际标准的压载水管理系统型式认可生物有效性测试	CMA、CNAS、DNV GL、USCG	船舶压载水(海水、淡水)水温、溶解氧、悬浮物等检测
6	河海大学试验中心	依托河海大学教学科研资源建设,目前由地基处理与工程结构检测室、工程材料检测室和海洋动力参数检测室组成	CMA	海水水温、波高、波周期、波压力、水位、流速、流向等检测

来源：1. 国家市场监督管理总局全国认证认可信息公共服务平台：http: //cx.cnca.cn/CertECloud/institutionBody/authentic etionList;

2. 中国合格评定国家认可委员会网站：https: //www.cnas.org.cn;

3. 轩兴荣. 上海海洋大学参与编制的我国首批船舶压载水检测系列团体标准正式发布［EB/OL］.（2022–01–13）.［2023–03–15］. https: //xxgk.shou.edu.cn/2022/1031/c7952a311476/page.htm。

注：1. CCS：中国船级社"产品检测和试验机构"认可;

2. DNV：GL 挪威船级社认可;

3. USCG：美国海岸警卫队认可。

目前，国外海洋试验场或试验测试机构公开资料可查到资质情况如表 7.2 所示。

表 7.2　国外试验场或试验测试机构测试资质相关情况

序号	试验场	国家	服务范围	资质情况	备注
1	EMEC	英国	主要提供波浪能和潮流能发电装置测试与认证服务	UKAS、IECRE	通过 ISO 17025、ISO 17020 的认证
2	英国劳氏船级社	英国	国际公认的船舶界认证机构，在检验检测领域劳氏船级社开展了型式认证、技术认证以及海上风电场项目认证	IECRE	通过了 ISO 9001（质量管理体系认证）、ISO 14001（环境管理体系认证）
3	ACT	美国	作为综合海洋观测系统（Integrated ocean observing system，IOOS）的第三方测试机构，为海洋仪器设备在实验室及现场测试海洋环境下提供性能验证和演示服务		ACT 的质量管理体系符合 ISO/IEC 17025 的要求

来源：1. The European Marine Energy Cebtre. https：//www.emec.org.uk；

　　　2. Alliance for Coastal Technologies. https：//www.act-us.info；

　　　3. IECRE–Renewable energy. https：//www.iecre.org；

注：1. UKAS 英国皇家认可委员会，是 ILAC 的成员机构之一。

参考文献

中国船级社质量认证有限公司 . CCS 机构资质［EB/OL］.［2023–03–15］. http：//www.ccs–c.com. cn/CompanyQualifications/list.html

IEC 合格评定体系国内运作机制平台 . 国际电工委员会可再生能源认证体系（IECRE）简介［EB/OL］.［2023–03–15］. http：//www.cnca.gov.cn/ywzl/gjgnhz/IEC/strztx/iecer/201411/ t20141104_22133.shtml

国家市场监督管理总局，国家标准化管理委员会 . 数据观测规范 第 6 部分：数据处理与质量控制：GB/T 14914.6—2021［S］.北京：中国标准出版社，2022.

国家海洋局 .海洋仪器海上试验规范：HY/T 141–2011［S］.北京：中国标准出版社，2011.

第 8 章 典型海洋试验场

当前，美国、欧洲等国家和地区在海洋环境观测仪器装备、新能源、船舶、国防领域陆续建设了若干海洋试验场，我国气象、能源、水利等行业主管部门和单位也分别在所属领域建设了相关试验场（站、区）。这些试验场在服务领域内业务体系保障、推动科技创新进步方面发挥了重要作用。

8.1 国外海洋试验场

世界海洋大国十分重视海洋技术装备的发展，纷纷面向海洋环境观测仪器设备、新能源、军事等领域建立了满足多种需求的海洋试验场，服务海洋业务系统保障、推动海洋科技创新进步（王项南等，2010）。这些海洋试验场有系统化、规范化的技术体系和能力体系，在试验、测试环节通常分为室内（实验室）和现场（海洋）两部分，前者对被测技术设备的准确性、环境适应性等性能指标开展静态试验，后者可对被测对象的可靠性、稳定性、维修性等应用指标进行动态测试，并可通过真实现场环境下的多影响因素作用降低室内试验结果的不确定性。这些海上现场试验区域海洋环境特征范围广，覆盖极地、热带、深水、浅水、淡水等多种海洋环境，建设有配套基础设施和服务，其中大部分试验场面向全球开放。

8.1.1 海洋环境观测仪器设备领域试验场

（1）美国海洋系统测试与评估项目（OSTEP）

20 世纪 90 年代以来，随着沿海发达国家业务化海洋观测系统的不断建设和完善，为确保观测数据的真实性、可靠性、时效性、连续性、可溯源性，各国均特别重视入网业务化海洋观测系统仪器设备的测试与评估。以美国为例，美国海洋和大气管理局（National Oceanic and Atmospheric Administration，NOAA）下属的美国国家海洋局（National Ocean Service，NOS）成立了专门机构——业务化海洋产品与服务中心（Center for Operational Oceanographic Products and Services，CO–OPS），通过海洋系统测试与评估项目（Ocean Systems Test and Evaluation Program，OSTEP）对业务化海洋观测系统中新进或已有的海洋水文、气象仪器设备开展从实验室到真实现场一系列的系统性测试和评估，规范设备技术管理，降低海洋仪器设备业务应用的风险，确保业务化海洋观测系统稳定运行（王花梅等，2011）。

OSTEP 的服务对象主要包括：NOS 下的管理机构和美国综合海洋观测系统（U.S. Integrated Ocean Observing System，IOOS）下各业务化观测子系统、全球海洋仪器制造商。OSTEP 的主要任务包括：①为海洋仪器及数据通信和数据采集的软硬件提供标准测试环境，并开展性能可靠性评估和集成测试；②为海洋观测系统各类标准的制定提供可靠的质量保证条件，包括试验场地和测量设备等；③为国家潮位观测网（National Water Level Observation Network，NWLON）和物理海洋实时系统（Physical Oceanographic Real Time System，PORTS）等业务化观测系统评估新入网设备或在位运行设备；④为仪器制造商评估其设备。

OSTEP 的试验和测地在其指定的实验室和海上试验站进行。其中，实验室包括 CO–OPS 东西海岸实验室和合作伙伴（如海军）的相关仪器实验室；海洋试验场包括马里兰州海洋气象仪器测试与评估基地、弗吉尼亚州切萨皮克湾水文仪器和雷达测试场、北卡罗来纳州杜克试验场和临时合作测试站（Mark，2001）。

（2）美国海岸技术联盟（ACT）所属试验场

美国海岸技术联盟（Alliance for Coastal Technologies，ACT）是为 IOOS 提供技术服务和支撑的第三方测试机构，作为连接仪器研发者、生产商和用户的纽带，促进新型海洋仪器设备的开发和使用。

ACT 的服务对象主要包括全球海洋仪器研发机构、海洋仪器制造商和海洋仪器用户。主要业务有：①测试海洋仪器设备在实验室和不同真实海洋环境下的性能（但不对被测技术的性能做任何保证、不对被测技术进行认证许可、不对被测技术进行比较与评价）；②通过技术专题研讨会确定被测仪器的状态，并达成行业共识，加强用户和开发人员之间的沟通；③通过在线的数据库提供设备选型服务。在 OSTEP 项目中，ACT 出具的技术验证报告是海洋环境观测仪器设备进入 IOOS 前的入网测试评估环节的强制性参考条件。

ACT 拥有 6 个不同真实海洋环境的海洋试验场区，分别是阿拉斯加州的极地试验场、加利福尼亚州的太平洋深水试验场和弗吉尼亚州的大西洋浅水试验场、密歇根州的五大湖淡水试验场、佛罗里达州的墨西哥湾区试验场、夏威夷的热带试验场。ACT 支持海洋仪器设备在研发过程中从概念设计到进入产品选型数据库各个环节的室内和现场实海况试验和测试。

ACT 对海洋仪器设备的技术测试环节包括技术验证和技术示范两类。技术验证主要针对已经商业化的仪器产品，检验厂商所声称的性能指标或技术参数是否能够达标，并验证用户关注的测量参数的数据是否可靠。技术验证需经历 25 项步骤，包括测试协议、实验室和海洋现场测试、基于 ISO 指南的质量保证 / 质量控制等环节。其中，海洋现场测试要求在不少于 4 个场区开展，但一般在所有 6 个场区均进行了测试。技术示范主要关注预商业化或新兴技术的功能和应用潜力，促进技术的成熟和业务化应用，根据用户的需求，技术示范只在 2 或 3 个海洋试验场区开展。最终形成技术验证报告或技术示范报告，但 ACT 不对被测技术的性能做任何保证、不对被测技术进行认证许可，也不对被测技术进行比较与评价。在经过技术研讨之后，被测技术设备将录入 ACT 的技术数据库，用于帮助用户根据需求选择海洋观测仪器，用户可根据环境参数、传感器类型或生产商等分类进行检索，查询所需的仪器信息。

（3）美国蒙特雷湾海洋试验场

美国蒙特雷湾海洋试验场主要开展海洋观测仪器装备的试验、观测和采样方法研究、模型试验等。蒙特雷湾位于加利福尼亚州西海岸，海岸岩石堆积，海岸线上森林茂密，湾内潮水澎湃，水深由浅至深，深水区是最大水深达 4000 m 的大峡谷，也是美加合作东北太平洋观测系统（NEPTUE）美国部分的所在海域。多年来，若干研究机构、高校在该试验场开展了科学观测和试验研究（李健等，2012；周凯等，2021）。

蒙特雷湾开展的海洋科学观测、研究和新装备试验（实验）主要有蒙特雷海洋观测系统（Monterey Ocean Observing System，MOOS）、蒙特雷加速研究系统（Monterey Accelerated Research System，MARS）、自主海洋采样网（Autonomous Ocean Sampling Network，AOSN）、陆地 / 海洋生物地球化学观测（Land/Ocean Biogeochemical Observatory，LOBO）、多学科海洋数据采集系统（Ocean Acquisition System for Inter disciplinary Science，OASIS）等。"十一五"期间，在国家"863"计划重点课题的资助下，同济大学联合浙江大学、上海交通大学和中国海洋大学等单位开展了缆系海底科学观测网关键技术的研究和组网设备的研制，研制的国内首个海底观测节点在 MARS 上成功进行了为期 6 个月的深海并网试验。

（4）加拿大海洋观测网海洋技术试验平台（场）

加拿大在萨尼奇湾建立了海洋技术试验平台（场）（Ocean Technology Test Bed，OTTB），帮助海洋科学研究人员开展科学仪器原型设计、海洋技术开发和系统工程。OTTB 是加拿大维多利亚大学推进海洋技术发展计划的一部分，其目标是建设成为一个海底工程实验室（Proctor et al.，2007）。OTTB 位于加拿大 VENUS 观测系统旁，通过 1 条光电复合海缆与 VENUS 观测结点连接，获取电源和光纤通信通道，所占区域水深约 80 m，作业区域 2.5 km²，其基础设施主要包含以下 3 个部分：

①表面支持系统，包含 1 个锚系服务浮标和 1 个提供水下支持的 ROV；

②可回收水下平台，为水下静态传感器提供电源和通信；

③集成声学系统，为试验场整个水体中的移动式设备提供定位和声通信。

其中，可回收水下平台是整个 OTTB 的基础，是水下试验仪器与装备的搭载平台，为试验仪器提供电源和数据通信接口。水下平台借助锚系服务浮标进行回收和布放，当水下平台被锚系服务浮标提升至海表面时，正好进入中空环形结构的服务浮标的内部，形成一个稳定的作业平台，方便进行试验仪器的安装与维护。

8.1.2 海洋可再生能源领域试验场

（1）欧洲海洋能中心

英国建设的欧洲海洋能中心（European Marine Energy Centre，EMEC）是世界上最大的波浪能和潮流能发电装置海洋试验场，主要提供海洋能发电装置测试和认证服务。EMEC 拥有 1 个波浪能试验场、1 个潮流能试验场和 2 个用于比例样机及组件测试的小规模测试站（王鑫等，2015）。其中，波浪能试验场位于奥克尼主岛西南部 Billia Croo 湾，试验海域面积约 5 km²，在离岸 2 km、水深 35～75 m 海域范围内，共建设 5 个海上试验泊位，每个泊位由 1 条 11 kV 的海底电缆连接上岸；潮流能试验场位于奥克尼群岛北部 Eday 岛水道，试验海域面积为 8 km²，在水深 25～50 m 海域共建设 7 个试验泊位。EMEC 自成立以来，累计完成了不少于 30 个波浪能、潮流能装置的海上现场试验、测试。

2009 年至今，EMEC 先后发布了 12 份试验、测试、评价和运行管理等方面指南和标准化文件，包括：波浪能发电系统性能评价方法、潮流能资源评估方法、海洋能产业领域健康与安全指南、海洋能发电系统设计准则、波浪能发电装置水槽测试指南、海洋能发电系统制造、组装和测试指南等，其中 6 份文件已被国际电工委员会（IEC）采用。2020 年，EMEC 通过了国际电工委员会（IEC）可再生能源认证体系认证，成为世界上第一个海洋能源领域认证实验室（Renewable Energy Test Lab，RETL）。当年 10 月，EMEC 完成了美国 Verdant Power 公司的 Gen 5 潮流能机组的第三方测试，成为其通过 RETL 认证后的首次跨国潮流能装置测试业务。

关于 EMEC 的更多信息、发布的报告可通过其官方网站（https：//www.emec.org.uk/）获取。

（2）英国 WaveHub 试验场

英国 WaveHub 试验场位于英格兰西南部的康沃尔郡，是英国第一个波浪能发电阵列的示范运行海域（王鑫等，2015）。2007 年，英国政府批准 WaveHub 试验场项目，并于 2010 年完成试验场的建设。Ocean Power Technologies（OPT）公司作为第一个用户，在此完成了总容量达 5 MW 的"Powerbouy"发电装置阵列的实海况测试工作。该试验场离岸 16 km，试验海域为 2 km×4 km，拥有 4 个 4～5 MW 的试验泊位，并建设有一个重达 12 t 的"集线器"，可同时接入 4 种不同原理的波浪能发电装置进行现场试验。试验场系统接入电压为 11 kV，通过设在 Hayle 的 Western Power Distribution 公司的变电站与国家电网连接。

（3）FaBTest 试验场

FaBTest 试验场位于康沃尔郡法尔茅斯湾，面积 2.8 km²。由于其位于海湾，属于相对遮蔽的位置，适合开展较小比例的概念装置和组件的测试。2019 年，海洋动力系统（MPS）公司和 AMOG 公司在该试验场对"WaveSub"系泊系统和"AEP"波浪能发电装置开展了测试并成功实现发电。

（4）威尔士 META 海洋能试验场

威尔士 META 海洋能试验场由威尔士海洋能协会建立，位于彭布罗克郡米尔福德黑文海域，设计有 7 个测试泊位，可以开展组件、子组件和单个设备阶段的测试，META 获得了威尔士地方政府的大力支持，由 EMEC 和 Wave Hub 提供技术指导，总建设经费 6000 万英镑。该试验场于 2019 年 9 月正式启动一期项目建设，并于 2021 年 1 月获得二期项目建设许可。

（5）威尔士 MTDZ 潮流能试验场

威尔士 Morlais 潮流能示范区（MTDZ 潮流能试验场），位于安格尔西岛，面积 37 km²，可用于海洋能发电装置测试、示范及商业化运行。总预算 3300 万英镑，2020 年得到欧盟和威尔士政府 450 万英镑资金支持。Morlais 示范区在 2013 年被指定用于潮流能开发，并于 2021 年 12 月获得威尔士政府的开发许可。陆上工程于 2022 年初启动，海上工程将于 2023 年启动。Morlais 潮流能示范区项目获得了威尔士欧洲资金办公室（WEFO）、安格尔西岛县议会等部门的支持支持。据了解，英国 NI 公司、西班牙 Magallanes 公司、法国 Sabella 和 HydroQuest 公司等知名的潮流能开发商，均计划在 Morlais 示范区布放潮流能机组进行示范。

（6）爱尔兰 SmartBay 海洋能试验场

SmartBay 海洋能试验场位于爱尔兰戈尔湾，离岸约 1.5 km，水深约为 20 ~ 23 m，可以为最大 1/4 比例的海洋能样机提供海试及验证服务。场区铺设了电力及数据传输海底电缆，能够为 3 台海洋能装置（每台装置功率不高于 1.2 kW）提供电力及数据传输。场区安装了水文环境监测系统、高清视频监控系统和电力连接部件，在海上装置测试期间提供相应的服务。2017 年 12 月，爱尔兰住房和城市规划部部长宣布批准该海洋能测试场用海许可，计划将该试验场建设成具备世界领先水平的海洋试验场。

（7）爱尔兰大西洋海洋能试验场（AMETS）

大西洋海洋能试验场（AMETS）由 SEAI 投资开发，用于开展全比例波浪能发电装置并网测试。AMETS 是爱尔兰海洋能源战略的一个组成部分，并且以"国家海洋可再生能源发展计划"（OREDP）为发展指导框架。AMETS 位于梅奥郡的贝尔马利特以西的 Annagh Head。目前该试验场离岸有 AB 两个测试区，A 区域水深 100 m，距离 Belderra Strand 16 km，面积约 6.9 km²；B 区域将在水深 50 m 处，距离 Belderra Strand 6 km，面积约 1.5 km²。

（8）美国 PacWave 波浪能试验场

美国 PacWave 波浪能试验场由俄勒冈州立大学运营，位于俄勒冈纽波特海岸约 11 km 处，面积约 4.26 km²。试验场总投资 8000 万美元，其目标是建设成为美国首个商业化的波浪能并网试验场。2021 年 2 月获美国海上能源管理局（BOEM）授予用海租赁权，6 月启动基础设施建设（Water Power Technologies Office）。试验场于 2022 年开始建设，原定 2022—2023 年进行海底电缆铺设，之后将正式投入运行。PacWave 试验场将建设 4 个测试泊位，最多可容纳 20 个波浪能装置同时进行测试，装机容量高达 20 MW。

（9）美国 WETS 波浪能试验场

WETS 波浪能试验场（The U.S. Navy's Wave Energy Test Site，WETS）由美国海军设备工程司令部运营，位于夏威夷卡内奥赫海湾海军基地（Tethys，2021）。现有基础设施包括近海点吸式和振荡水柱式装置。2015 年，WETS 的 2 个水深为 60 m 和 80 m 泊位建设完成，与第 1 个 30 m 水深泊位并网连接，装机容量最高位 1 MW。

（10）太平洋海洋能中心（PMEC）

太平洋海洋能中心（PMEC）是隶属于西北国家海洋可再生能源中心（NNMREC）的海洋能试验场，由华盛顿大学、俄勒冈州立大学和阿拉斯加费尔班克斯大学合作成立，负责协调西北太平洋地区海洋能测试设施的使用，并与利益相关方合作，共同应对海洋能发展面临的挑战。

（11）东南部国家海洋可再生能源中心（SNMREC）

东南部国家海洋可再生能源中心（SNMREC）潮流能试验场由佛罗里达大西洋大学负责运营，研究重点是美国东南部的海流能和海洋温差能。SNMREC 一直致力于推进开放海域海流系统的研究，通过能力、基础设施和战略伙伴关系的建设，对步入商业化提供必要支持。

（12）夏威夷国家海洋可再生能源中心（HINMREC）

夏威夷国家海洋可再生能源中心（HINMREC）由夏威夷大学马诺阿分校的夏威夷自然能源研究所负责运营，主要目标是促进商业化波浪系统的开发和应用。HINMREC 还协助管理夏威夷的两个试验场，即波浪能试验场和温差能试验场。

（13）加拿大 FORCE 潮流能试验

芬迪湾海洋能源研究中心（Fundy Ocean Research Centre for Energy，FORCE）位于加拿大新斯科舍省的芬迪湾，是加拿大潮流能源领域中顶尖的研究中心（Davis，2009）。2014 年铺设了 4 条海底电缆，总长度约 11 km。2015 年，FORCE 潮流能试验场获新斯科舍省 FIT 项目的批准，岸上电力设施装机为 20 MW，允许小型涡轮阵列并网测试。

（14）西班牙 BIMEP 波浪能试验场

西班牙 BIMEP 波浪能试验场位于西班牙巴斯克省比尔巴鄂市以北约 30 km 处海域 43.47°N，2.88°W 左右位置，离岸约 1.5 n mile（Elisabetta et al，2014）。试验场海域面积 4 km × 2 km，水深 50 ~ 90 m，拥有 4 个 5 MW 的试验泊位。试验泊位与岸上设施之间借助接驳盒、通过 4 条长约 3 ~ 5 km、13 kV/5 MW 的海底电缆相连接。试验场还建设有 1 个 13/30 kV/20 MW 的变压器，用于将发电装置发出的电送入 30 kV 国家电网。

（15）西班牙 PLOCAN 海洋能试验场

西班牙 PLOCAN 海洋能试验场位于西班牙加纳利群岛东岸，试验场延伸海域面积 23 km², 水深 600 m，离岸 7 km。PLOCAN 海洋能海洋试验场由西班牙和加那利群岛地方政府支持建立，总投资 430 万欧元。该试验场的水下电力基础设施仍处于设计阶段，曾提出将在 2017 年第一季度实现并网连接，初期测试能力为 15 MW，到 2020 年提高至 50 MW（Tethys，2022）。

（16）法国 OPEN–C 海洋可再生能源试验中心

法国成立了欧洲最大的海洋可再生能源试验中心——OPEN–C，其汇集了 5 个分布在法国海岸线上的海上试验场，负责协调、开发和管理包括浮式风电、潮流能、波浪能、海上制氢和浮式光伏等多种技术维度在内的海上测试，目标是在未来 3 年内使几项重大的创新技术实现落地，其中包括第二代海上浮式风电的 5 个独立原型机、海上绿氢的生产以及海上浮式光伏系统的测试。为了满足未来 10 年浮式风电技术装机 10 ~ 20 MW 的需求，OPEN–C 计划建造一个"大功率"站点，旨在降低未来商业化浮式风电场测试和并网的风险。

（17）韩国海洋能试验场

韩国船舶海洋工程研究所（Korea Research Institute of Ships & Ocean Engineering，KRISO）在济州岛西部海域建设了韩国波浪能试验场（Korea Wave Energy Test Center，K–WETEC）。该试验场共建设有 5 个试验泊位，其中第 1 个泊位利用现有振荡水柱式波浪能装置建设，其余分别为 2 个浅水泊位（水深 15 m）和 2 个深水泊位（水深 40 ~ 60 m），所有泊位配套建设了海上变电站，完成了与电网系统的连接，总装机容量为 5 MW（Jo Chul-Hee et al.，2016）。韩国潮流能试验场（Korea Tidal Current Energy Center，KTEC）位于朝鲜半岛西南水域，由韩国科学技术研究所（Korea Institute of Ocean Science and Technology，KIOST）建设，共有 5 个海上试验泊位，装机容量达 4.5 MW。该试验场附近海域建设有 Uldolmok 潮流能试验电站（Uldolmok Tidal Current Pilot Plant，TCPP），主要用于装载机容量 500 kW 以下的中小型潮流能发电装置试验、测试。

8.1.3 船舶和军事领域试验场

（1）挪威特隆赫姆船舶试验场

2016 年 9 月，挪威海事部门同意无人船研发机构在特隆赫姆海湾海域开展海上试验、测试。特隆赫姆海湾试验海域长约 29 km，宽 3.2～24.1 km，是全球首个无人船试验区。目前，挪威科技大学、Kongsberg Seatex、Kongsberg Maritime、MARINTEK 和 Maritime Robotics 等机构与特隆赫姆港、挪威海事局合作，完成了多项无人船技术测试（许凯玮等，2020）。

特隆赫姆无人船试验的建设目标是促进知识建设、刺激技术发展、推动创新、制定规章制度、测试和验证概念以及解决方案等。试验场将分 3 个阶段建设：第 1 阶段，2018—2020 年，主要建设试验场控制中心、GNSS 监测站、DGNSS 参考站、用于测试的 AIS 基站、移动宽带无线电、卫星终端、数据中心等；第 2 阶段，2018—2022 年，建设激光雷达、沿海雷达站、视频监控网络、气象和环境浮标、水下装置等；第 3 阶段，2022 年以后，建设成为综合性海洋试验场，包括海洋空间中心和海洋实验室。

（2）美国潜艇水声试验场

大西洋水下测试及评估中心（Atlantic Undersea Test and Evaluation Center，AUTEC）是美国东海岸最重要的潜艇水声检测机构及试验设施。承担着潜艇噪声测量及水中兵器试验任务，还承担着反潜战研究等诸多科研任务（刘兴章，2011）。评估中心主要包括 2 大试验区：一处位于美国佛罗里达州东部的西棕榈滩，主要提供测试组织、后勤保障、行政管理；另一处则位于巴哈马群岛的安德鲁斯岛上，岛上的试验区占地约 2.25 km²，海洋试验场位于"海洋之舌"海域，特殊的地理环境、优越的水声测试环境使得该海域具备非常良好的潜艇辐射噪声测量条件。主要测试设施位于安德鲁斯岛上，包括指控中心和场区支持设施。指挥中心建筑包括测控中心、计算中心、图像试验室、通信中心和时钟系统等。大西洋水下测试及评估中心具有多种水声测量系统。安静型船舶及潜艇的水声测量由 1 套高增益垂直线阵进行。该阵由水声测量船布放。高增益垂直线阵布放于水下与潜航舰船相同深度，以便对位于垂直线阵波束范围内的舰船进行测量。其他系统包括 1 套由水听器、电缆、频谱分析设备组成的移动式测量系统。校准用宽带声浮标（AN/SQQ–58）用于远距离收集背景噪声、水生物噪声等；在 OHDF 点有 1 套非指向性水听器，包括 1 套水听器阵用于水面状态的舰艇。以上系统经常在武器试验场进行测量。

东南阿拉斯加水声试验场（Southeast Alaska Acoustic Measurement Facility，SEAFAC）位于美国阿拉斯加州凯契根市西北约 24 km 处的伯姆湾（刘兴章等，2011）。伯姆湾南北长约 96 km，东西宽约 5 km，平均水深约 100～120 m，周围被海岛遮蔽，减少了开阔水域难以消除的大洋背景噪声的干扰，使该地区平均海洋背景噪声达到 90 dB 左右，满足了安静型潜艇的测试需要。该地区人烟稀少，远离主要航线，人为干扰也很小，具有得天独厚的水声测量环境。该水声试验场由陆上试验站、静态试验站和水下航行试验区 3 部分组成（王大海等，2011）。其中，陆上试验站位于伯姆湾东南入口处的贝克岛的西北部，建有一处小型码头，并建有试验场指挥中心、公用楼、仓储楼。陆上试验站负责处理从静态试验站和水下航行试验区传来的水声信号以及试验设施的维护保养，岛上还有用于存放测量设施的场地。静态试验站位于贝克岛西北方约 2.4 km 处，长 450 m、宽约 240 m 的长方形基阵，由 2 个测试平台及延长系留设施组成，包括锚泊及系留装置，水深约 120~140 m。水下布放多组水听器，通过水下锚泊装置固定。水上设施是由 2 个测试平台及系水鼓、升降设施等构成，可停靠 20~40 m 小型拖船等试验船只。驳船下方约 120 m 水深处布置有 2 台大型圆框架式水听器阵，圆框架直径约 4.5 m、长约 8 m，还有其他定位及监听水听器。该静态试验区主要对空调、水泵、制冷机、循环系统等辅助系统的辐射噪声进行测量和分析，并查找噪声源，提出降噪措施。水下航行试验区位于静态试验站以西，距贝克岛西北约 7.2 km 处，长约 9000 m，宽约 2250 m。该处是 1 个海底盆地，水深可达 390 m 左右。水下布有 2 条垂直线阵水听器和海底水听器。海底还设有 8 处水听器阵，用于对被测艇进行定位，通过测量被测艇发出的脉冲信号，实时测量艇位及潜艇相对水听器的位置信息。

（3）韩国无人机器人与船舶性能试验场

韩国全罗北道申报的"海洋无人系统实证试验与评价技术开发项目"获韩国海洋水产部批准立项，该项目旨在开发海洋无人系统试验评价体系技术，推动韩国国产海洋设备的产业化进程。韩国海洋水产部、群山市、庆尚北道、韩国船舶与海洋工程研究所、韩国造船海洋器材研究院、韩国海洋科学技术院等有关单位将参与其中。根据项目规划，全罗北道将于 2027 年之前，在群山市新万金内海建成无人水下建设机器人、无人船舶、水下声波与通信技术等的性能试验场，并为有关企业的入驻与创业提供支持。

8.2　国内试验场

近年来，国内多个行业主管部门，如气象、能源、国防等，高度重视仪器设备入网管理体系建设、仪器列装方面的标准规范化、观测试验等工作，在颁发相关仪器设备入网规范或审核等政策与制度基础上，各自或委托专业机构设立多个系列化外场试验场或基地。建立了仪器设备"考核—检测—入网"检测试验流程和方法，检验仪器设备设计的合理性、适用性、先进性、可靠性，以保证业务系统安全稳定可靠高效运行，为新技术新仪器设备创造试运行场所和条件，为新技术新仪器设备推广应用提供技术基础，为业务化仪器设备的评估提供科学依据。

8.2.1　气象试验场

根据气象仪器的外场试验考核有关规定，遵循地理代表性、站网均匀性、观测持续性、环境稳定性的遴选原则标准，中国气象局在我国东、西、南、北、中部地区分别建设了综合观测试验基地。

气象观测仪器进入中国气象局气象观测网前，需经过针对性考核与测试评估，其中，气象仪器考核包括设计定型考核和业务化考核；气象仪器测试评估工作包括测试评估公告发布、申请受理、资格审查、组织实施、结果审定及信息发布等环节。测试评估主要内容为实验室测试、环境适应性测试和外场检验评估等。

由于仪器测试评估对于保证气象观测数据质量非常重要，测试评估过程中涉及的具体工作和主要内容需要加以规范，以保证考核与测试评估工作公开、公平、公正。为此，气象主管部门先后发布了《气象观测专用技术装备定型技术工作暂行办法》《气象观测专用技术装备测试评估工作暂行办法》《气象观测专用技术装备测试评估方法》和《气象观测专用技术装备测试评估工作管理细则》等管理和技术文件，以规范气象仪器测试评估行为。

依据气象仪器测试评估方法，测试评估具有规范化的流程，气象主管部门发布测试评估公告，满足条件的气象仪器生产单位皆可报名参加测试评估。在测试评估能力方面，对于实验室测试，气象部门有相应的计量检定机构，能够完成温、湿、压、风、雨和气象辐射等传感器计量性能的检测，气象部门计量实验室不能完成的性能检测，可交由具备相关资质的质量技术检测机构进行检测，提交第三方检测报告。

表 8.1　中国气象局仪器设备外场考核试验基地

地点	主要用途	备注
北京南郊	地面、高空和雷达等气象观测仪器设备综合试验基地	已建成并使用多年。新建天津滨海试验场，为南郊基地重要补充，增加雷达教学和渤海湾观测相关内容
湖南省长沙市	雷达、探空、天气现象等设备研发、观测试验基地	持续建设中
内蒙古自治区锡林浩特市	近地层碳－水通量、地面基准辐射、风能梯度、大气成分和地基水气遥感观测与设备试验基地	典型草原，已建成
广东省名市电台区	酸雨、土壤湿度、雷电等观测设备以及海洋气象设备试验基地，自动站比对观测基地	已建成
安徽省淮南市寿县	农业气象、大气成分、雷达和近地层碳－水通量观测与设备试验基地	南北气候过渡带，已建成
云南省大理白族自治州	以基准气候观测、边界层观测、GPS/MET 观测、生态观测、大气成分观测、水文观测、风廓线仪探测、洱海水上观测等为重点的观测与设备试验基地	已建成
甘肃省张掖市	荒漠陆面边界层及其生态观测与设备试验基地	荒漠，已建成

8.2.2　风电和光伏试验场

为规范新能源设备并网管理，国家电网公司规定电场（风电场、光伏电站等）申请接入电网测试前需向电网调度部门提供机组及电场的模型、参数和控制系统特性等资料，接入电网测试由具备相应资质的机构进行。为此，国家电网公司原电力科学研究院分别在河北省张家口市张北县西部和江苏省南京市浦口高新技术开发区建立了"国家能源大型风电并网系统研发（实验）中心"和"国家能源太阳能发电研发（实验）中心"。按照《风电场接入电网技术规定》（Q/GDW 1392—2015）、《光伏发电站接入电网检测规程》（GB/T 31365—2015）要求，对风电场和光伏发电站接入电网进行测试，规范电场接入电网的检测项目、检测条件、检测设备和检测方法。

国家能源大型风电并网系统研发（实验）中心位于河北省张家口市张北县，是国家能源局首批 16 个国家级能源研发（实验）中心之一，于 2009 年批复建立，是国内唯一授权的风电并网检测机构，主要开展风力发电试验与检测技术、海上风电并网关键技术、风电功率预测技术、风电并网仿真与分析技术及风电与其他电源的优化调度技术等方面研究（中国电力科学研究院有限公司，2016a）。实验中心具备完善的风电机组型式试验、风电机组 / 风电场并网检测能力，可开展风电机组功率特性测试、风电机组电能质量测试、风电机组低电压穿越测试等 8 大类共计 82 个参数的检测。实验中心建成了风电仿真研究平台，开发了国内首套风电功率预测系统和光伏发电功率预测系统，研发了国内首套具有自主知识产权的风电调度计划系统，建立了国内首个专门用于风电 / 光伏功率预测的大型数值天气预报中心，建成了具有国际领先水平的张北风电试验基地，建立了我国风电并网运行技术标准体系。

国家能源太阳能发电研发（实验）中心位于中国电力科学研究院南京院区，2009 年9 月由国家能源局批复设立，2010 年 7 月正式建成运营，由国家能源局主管，依托中国电力科学研究院新能源研究中心运行和管理（中国电力科学研究院有限公司，2016b）。实验中心是国家能源光伏发电装备评定中心和新能源与储能运行控制国家重点实验室的重要组成部分，依托中国电力科学研究院中电赛普认证中心开展太阳能发电的产品认证和服务认证业务。实验中心建成了国内外检测容量最大的光伏发电产品并网检测平台、世界首套光伏电站现场并网检测平台、覆盖全寿命周期的光伏电站发电性能评估平台和光伏发电仿真试验平台，具备的 CNAS 和 CMA 检测资质覆盖新能源领域的 46 项标准，共 538 个子项，可开展光伏、光热、储能等领域关键装备和系统的并网全性能检测业务。

8.2.3　船舶海洋试验场

目前国内的船舶试验场、测试场主要有万山无人船海上测试场、上海交通大学无人艇测试场、青岛海上综合试验场、湛江湾实验室智能船舶海洋试验场（许凯玮等，2020）。

中国船舶集团有限公司第七六〇研究所海洋试验场是国内建成较早、测试技术和方法都相对成熟的海洋试验场，是我国独具特色的舰船目标特征信息中心，科研与装备海上综合试验保障基地。试验场主要面向军品开展测试，包括辐射噪声、电磁、流场等舰船作战隐身性能方面测试等，下设海上试验技术中心和试验与鉴定（检测）机构，包括实船噪声检测中心、舰艇回声检测中心和舰艇水下电磁场检测中心，同时还拥有从事目标特性研究与测试的国家级重点实验室。第七六〇海洋试验场分为海上静态试验场、浅海动态试验场、深海动态试验场等三大主力试验场，提供海区声学、电磁、海杂波及尾流等各项科研测试试验以及环境辅助试验数据信息的获取与处理等。

2018年2月，南方海洋科学与工程广东省实验室（珠海）启动建设万山无人船海上测试场。该测试场是亚洲首个无人船海上测试场，获得了中国船级社首张测试场服务供应方认可证书。万山无人船海上测试场分2期建设，一期规划21.6 km^{2}的海域作为调试测试场，二期规划750 km^{2}的海域作为性能测试场。岸基测试基地位于小万山岛，占地约5.7 km^2。测试场针对不同的船型建设多维度、多功能、多场景的测试区域，岸基设置测试中心及测试码头等多个功能区可为整个测试海域提供服务，开展无人船单艇自主航行的感知系统、决策系统与控制系统的测试以及多艇协同控制控制能力的试验，为无人艇的研发提供数据支撑。

上海交通大学海洋智能装备与系统教育部重点实验室在山东日照建设了一个无人艇测试场，测试场设有海上试验区、岸基指挥站、数据反演及态势研判终端系统等功能模块，可以为水面、水下各种无人装备的系统样机进行试验及智能功能评估。该测试场可以针对不同吨位及功能的无人艇，分别针对无人艇的自主循迹、自主避障、目标识别跟踪等功能进行考核，主要解决无人艇本身的总体设计、自主控制以及在实际海洋环境下的目标图像识别、环境感知等人工智能算法等问题。

青岛海上综合试验场是哈尔滨工程大学规划建设的海上无人装备及系统近浅海综合试验场，包括陆域基地、通海港池试验系统和试验海区。其中，试验场陆上基地总占地140亩（9.33公顷），通海港池试验系统的试验海域面积约38600 m^2，灵山岛海上综合试验区的试验海域面积为20 km^2。

湛江湾实验室瞄准国家战略和智能化发展需求，依托湛江、面向南海、服务全球，筹建智能船舶海洋试验场。试验场建设的战略定位是以智能船舶、水面无人船、水下无人航行器、深远海装备等为对象，进行装备智能技术、智能系统、智能功能等的检测、考核、评估，研究并建立各项智能船舶技术试验考核的标准体系，形成我国智能船舶发证管理的技术支撑能力。

8.2.4 国防海洋试验场

国家海上综合试验靶场试验场，始建于1958年，主要担负海军各型导弹、舰炮、雷达、鱼水雷等新型武器装备及各型舰艇、飞机等配套武器系统的试验鉴定任务，是我国唯一的海上靶场。曾创造水中兵器试验领域 30 多项第一（袁华智等，1999）。经过 50 年建设，海上靶场拥有先进的测控、通信等试验专用装备近 2000 台套，数十处试验阵地、指控中心，建成了涵盖多个领域，具有前沿数字化、信息自动化优点的测控网络体系；建成了遍布空中、水面和水下的种类齐全、颇具规模的靶标体系；建成了数字化、光纤化、声像一体化的通信网络（海军某试验基地政治部，2009）。

中国船舶集团公司第七五〇试验场，始建于 1966 年，是我国内陆唯一国家水下特种装备 "水—空" 跨介质立体性综合性试验场。主要从事水下和空中特种装备产品大型试验及其测试技术与测试方法的研究；水下特种装备产品、深水探测、水下检测与水下作业打捞设备（设施）、海洋工程装备等的科研、试制、生产；两用技术结合与转化的工业自动化控制、水下安防、重大救援与应急抢险等技术研发，涉及水声工程、信号处理、通信技术、机械电子、控制工程、测试计量技术、计算机技术等多个专业技术领域。试验场建立了较完整的深水试验技术方法、测试技术研究与装备研制和试验体系（舰船科学技术杂志社，2006）。

8.2.5　遥感试验场

我国遥感试验场的建设始于 20 世纪 70 年代。伴随着我国遥感技术的不断发展及应用需求，先后建立起了一系列遥感综合试验场、专业试验场和校正场，促进了我国遥感技术的更快发展（梁树能等，2015）。

云南腾冲遥感综合应用试验场位于云南腾冲市，于 1978 年选址确认，并在当年开展了以国产传感器为主的航空遥感综合应用研究。这是中国遥感界一次意义重大的综合应用试验，是我国独立自主进行的第一次大规模、多学科、综合性遥感应用实验，促进了我国遥感科技的飞跃。该次综合应用实验分为 33 个专题组，完成了 75 项专题研究，包括地质、农林、水资源和测绘制图等各个专业的解译制图，以及各种遥感仪器检验和波谱测试工作，获取了腾冲试验区比较系统而完整的第一手遥感图像和数据，编制了大型航空遥感图集和经济统计图集，系统而全面地反映了试验区的自然资源和开发水平，实现了多学科的综合性遥感制图，并摄制了《遥感》和《腾冲火山与热泉》两部科教片。通过这次实验，不仅检验了仪器的性能，积累了数据，获取了经验，为我国独立研制系统传感器奠定了基础，而且为我国培养了大批遥感专业科研技术人员。

长春净月潭遥感试验场位于长春市东南角，距市区 18 km，基本试验区面积 300 km^2，加上扩大试验区面积约 800 km^2。1979 年在该场进行了一次综合性的航空遥感实验，开展了地质、地貌、水文、气象、植被、土壤和地物波谱等各项综合应用实验，获得了较好的成果。该试验场自 1989 年起成为对国内外开放的野外遥感试验场地，可支持和开展多层次遥感数据的地表观测、试验和检验等，地基遥感机理与模式研究，空间遥感数据与遥感产品的验证与校准示范基地研究。

黑河综合遥感联合试验区位于我国西部黑河流域区，可进行寒区水文实验、森林水文实验、干旱区水文实验以及模拟平台和数据平台建设集成研究，是在流域尺度上开展以水循环及与之密切相关的生态过程为主要研究对象的大型航空、卫星遥感与地面同步观测的科学试验区。

哈密遥感地质综合试验场位于新疆东天山哈密市东南，距离哈密市区约 160 km，面积约 1600 km^2。试验场建设主要面向遥感地质勘查技术发展的应用需求，建设野外与室内相适应和匹配的遥感地质试验场的仿真实验平台。目前已完成野外试验场基础地理、基础地质、岩矿光谱、遥感影像、地球物理和地球化学等基础本底数据的采集；同时，针对遥感地质试验场的特点，搭建了室内半实物仿真硬件平台，具备了开展仿真模拟的能力。开发了遥感地质试验场服务系统，系统集成了野外试验场本底数据库和室内数字仿真平台及物理仿真实验室，可实现遥感地质试验场服务系统的网络运行，初步具备了提供社会公益性服务的能力。目前，在该试验场可开展遥感地质产品真实性检验，遥感数据几何与辐射等标定，航天、航空、地面等有效载荷的论证和指标设置以及航天、航空、地面等成像系统性能预测与优化和图像质量评估等科研工作。

8.3 发展趋势

综合分析当前国内外相关海洋试验场的建设、运行及未来规划等因素，可以得出海洋试验场的发展趋势主要体现在以下几个方面。

（1）服务于海洋技术装备研发及产业化发展

海洋试验场的功能定位大多聚焦于海洋技术装备研发及产业化对海上试验测试的需求，具备为海洋仪器设备从研发初期的实验样机一直到产品阶段所需的试验、测试、验证、检验等规范化、系统化的服务能力，促进新原理、新装置研发的同时，也促进了海洋技术装备的产业化发展，有效缩短了仪器设备的研发和成果转化周期。

（2）为海洋领域业务化工作提供保障

国家海洋试验场作为海洋仪器设备的海上测试平台，是连接海洋仪器设备研发者、生产商和用户在供、需方面的纽带，对新型海洋仪器设备在业务化海洋观测系统等中的使用，发挥重要的考核、把关和准入作用。如美国海洋和大气管理局（NOAA）要求入观测网仪器设备要通过系列 OSTEP 评估，规范了海洋仪器设备技术管理，确保了业务化海洋观测系统的稳定、高效和安全运行。

（3）国家先期投资建设、运行管理模式多样化

由美、英等海洋发达国家的海洋试验场的建设、运行与管理模式可见，海洋试验场

的早期建设阶段均在政府主导和推动下，多依托具有国家背景的一个或多个科研机构承担具体建设工作，资金持续投入且全部来自政府设立的各类专项、计划和基金等。海洋试验场运行阶段，特别是在运行初期，政府资金和政策的扶持仍然是必不可少的，且政府依托的科研机构在这一阶段继续发挥着重要作用，同时企业开始参与其中。随着海洋试验场测试服务水平的提高和稳定运行，以及海洋技术装备产业发展对测试试验服务需求的不断增长，海洋试验场运行经费的来源也趋于多元化，有的完全依托于市场实现了自负盈亏。如 EMEC 建成后的成功运行，有效推动和培育了海洋能上下游产业的发展，同时也培育了机构自身的"造血能力"，实现了自负盈亏的良性发展。

（4）多功能方向发展

为了提高海洋试验场试验环境和试验设施的利用率、节约集约利用海域资源，业务化运行的海洋试验场，大多采用"一场多能"方式设计，兼顾海洋观测、监测和海洋能等领域。例如，美国蒙特雷湾海洋观测试验场包括多个子系统，旨在为进入美国海洋观测计划的（深海）海洋仪器设备提供试验与测试平台，开展观测、模型检验。蒙特雷海洋观测系统除支撑测试工作外，还是一个深海观测站，主要研究蒙特雷海底峡谷深处颗粒有机碳通量（POC 及其对生物群落的影响）。2020 年 6 月一期的《深海研究 II》（*Deep Sea Research* II）特刊就刊登了 16 篇有关世界各地的科学家在该站进行研究的学术论文，这些论文涵盖了海面的卫星观测和深海生物的行为，以及遗传学等多个深海前沿研究主题。

参考文献

海军某试验基地政治部，2009. 海天神剑当空舞——海上靶场 50 年英雄群像素描［J］. 政工学刊（04）：17–19.

舰船科学技术杂志社，2006. 中国船舶重工集团公司第七五〇试验场. 舰船科学技术，28（3），2–2.

李健，陈荣裕，王盛安，等，2012. 国际海洋观测技术发展趋势与中国深海台站建设实践［J］. 热带海洋学报，31（02）：123–133.

梁树能，甘甫平，张振华，等，2015. 国内外遥感试验场建设进展［J］. 地质力学学报，21（02）：129–141.

刘兴章，2011. 美国潜艇水声试验场现状及启示［J］. 舰船科学技术，33（02）：140–143.

刘兴章，陈涛，2011. 美国东南阿拉斯加潜艇水声试验场测量设施分析及改进综述［J］. 噪声与振动控制，31（06）：193–195.

王大海，刘兴章，2011. 美国大西洋水下测试评估中心测量设施分析［J］. 舰船科学技术，33（10）：140–143.

王项南，吴迪，周毅，等，2010. 国内外海上试验场建设现状与比较分析［J］. 海洋技术，29（02）：14–19.

王花梅，罗续业，李彦，2011. 美国海洋系统测试评估方案分析［J］. 海洋技术，30（04）：123–127.

王鑫，孙瑜霞，石建军，等，2015. 标准检验与试验场技术的发展现状与趋势分析［J］. 海洋技术学报，34（3）：104–110.

许凯玮，张海华，颜开，等，2020. 智能船舶海上试验场建设现状及发展趋势［J］. 舰船科学技术，42（15）：1–6.

袁华智，吴瑞虎，曹昱，1999. 中国神秘海域传奇——记我国海上武器试验靶场［J］. 科技潮（02）：52–55.

中国电力科学研究院有限公司，2016a. 国家能源大型风电并网系统研发（实验）中心.［EB/OL］.［2022–10–01］. http：//www.epri.sgcc.com.cn/html/epri/gb/kjcx2/sys/gjj/20160506/2012033111104801 7086220.shtml.

中国电力科学研究院有限公司，2016b. 国家能源太阳能发电研发（实验）中心.［EB/OL］.［2022–10–01］. http：//www.epri.sgcc.com.cn/html/epri/gb/kjcx2/sys/gjj/20160506/20131229201016692301000.shtml.

周凯，程杰，贺可海，等，2021. 国内海洋仪器设备海上试验技术现状［J］. 气象水文海洋仪器，38（01）：81–84.

PROCTOR A A，BRADLEY C，GAMROTH E，et al.，2007. The Ocean Technology Test Bed – An Underwater Laboratory. OCEANS 2007.pp. 1–10.

DAVIS MACINTYRE，Associates Limited.，2009. FUNDY Tidal Energy Demonstration Project：Archaeological Resource Impact Assessment.［EB/OL］.［2022–10–01］. https：//fundyforce.ca/resources/f1c21770b5911411 4866df4d491d41d0/2009–Fundy–Tidal–Archaeology–DavisMacIntyre&AssociatesLimited.pdf.

ELISABETTA T，SANTOS–MUGICA M，2014. Modeling and Control of a Wave Energy Farm Including Energy Storage for Power Quality Enhancement：the Bimep Case Study［J］. IEEE Transactions on Power Systems.

JO C，LEE K，CHO B K，et al.，2016. Resource Assessment of Tidal Current Energy Using API in Korea［J］. Journal of the Korean Solar Energy Society，36（1）.

MARK B，2001.Ocean Systems Test and Evaluation Program（OSTEP）Development Plan［R/OL］.［2021–10–01］. https：//beta.tidesandcurrents.noaa.gov/publications/techrpt34.pdf.

SJOLTE J，SORBY B，TJENSVOLL G，et al.，2014. Annual energy and power quality from an all–electric Wave Energy Converter array［C］// Power Electronics and Motion Control Conference（EPE/PEMC），2012 15th International. IEEE.

TETHYS，2021.U.S. Navy Wave Energy Test Site（WETS）.［EB/OL］.［2022–10–01］. https：//tethys. pnnl.gov/project–sites/us–navy–wave–energy–test–site–wets.

TETHYS，2022. PLOCAN Marine Test Site for Ocean Energy Converters.［EB/OL］.［2022–05–23］. https：//tethys.pnnl.gov/project–sites/plocan–marine–test–site–ocean–energy–converters.

Water Power Technologies Office. PacWave.［EB/OL］.［2022–10–01］. https：//www.energy.gov/eere/ water/pacwave.